Denis Berthier

# Sternbeobachtung in der Stadt

Der Himmelsführer
für Park, Terrasse und Balkon

**KOSMOS**

Umschlaggestaltung von eStudio Calamar unter Verwendung einer Farbaufnahme des Andromeda-Nebels vom National Optical Astronomy Observatory (NOAO), USA, einem Foto von Martin Gertz, Weinstadt, sowie einem Foto von Denis Berthier, Paris.

Mit 75 Farbfotos, 15 Farbgrafiken und 13 Sternkarten

Bildnachweis siehe Seite 111

Titel der Originalausgabe: „D. Berthier, Observer le ciel en ville"
© BORDAS/HER, 2001
ISBN der Originalausgabe: 2-04-760025-1

Aus dem Französischen übersetzt von
Justina Engelmann und Sven Melchert

Bibliografische Information der Deutschen Bibliothek
Die Deutsche Bibliothek verzeichnet diese Publikation in der Deutschen Natinalbibliografie; detaillierte bibliografische Daten sind im Internet über http://dnb.ddb.de abrufbar.

Gedruckt auf chlorfrei gebleichtem Papier

Für die deutschsprachige Ausgabe:
© 2003, Franckh-Kosmos Verlags-GmbH & Co., Stuttgart
Alle Rechte vorbehalten
ISBN 3-440-09139-2
Redaktion: Justina Engelmann
Produktion: Siegfried Fischer, Stuttgart
Satz: Typomedia GmbH, Ostfildern
Printed in Italy / Imprimé en Italie
Druck und Bindung: Grafica Editoriale Printing, Bologna

# Inhalt

## Einfach loslegen

| | |
|---|---|
| Und so geht's | 10 |
| Ein Spaziergang am Nachthimmel | 12 |
| Der Himmel à la carte | 14 |
| Das Universum verstehen | 16 |
| Leben und Tod der Sterne | 18 |
| Lichter in der Stadt | 22 |
| Die Wetterbedingungen | 24 |

## Die Ausrüstung für die Stadt

| | |
|---|---|
| Ein Fernglas ist unschlagbar | 30 |
| Ein Teleskop kaufen | 34 |
| Das Teleskop Ihres Vertrauens | 36 |

| | |
|---|---|
| Parallaktisch oder azimutal? | 38 |
| Reden wir übers Geld... | 40 |
| Okulare | 44 |

## Das Sonnensystem über den Dächern der Stadt

| | |
|---|---|
| Kennen Sie eigentlich den Mond? | 48 |
| Die Sonne – mit Vorsicht zu genießen! | 54 |
| Die Planeten, kleine Geschwister der Sonne | 60 |
| Kometen, Besucher am Nachthimmel | 66 |

## Der Himmel im Wandel der Jahreszeiten

| | |
|---|---|
| Der Frühlingshimmel | 70 |
| Der Sommerhimmel | 76 |
| Der Herbsthimmel | 82 |
| Der Winterhimmel | 88 |

## Serviceteil

| | |
|---|---|
| Ratgeber für Stadtastronomen | 94 |
| Justage und Pflege der Instrumente | 100 |
| Glossar | 103 |
| Zum Weiterlesen und Weiterklicken | 106 |
| Nützliche Adressen | 107 |
| Register | 108 |

5

# **Viel Erfolg!**

Astronomie in der Stadt zu betreiben, das mag vielen völlig verrückt erscheinen. In der Tat stößt man bei einer Sternbeobachtung in der Stadt schnell auf Probleme und manch ein angehender Hobby-Astronom hat sich davon leider schon entmutigen lassen.

Helle Beleuchtung, trübe Luft, Staub und Schmutz sind der ideale Mix, um die Sterne am Himmel zu verbergen und unsere Begeisterung bereits im Keim zu ersticken. Praktische Astronomie in der Stadt ist nicht unbedingt eine einfache Angelegenheit.

Und dennoch: Die Gruppe der „Stadtastronomen", die auch unter diesen widrigen Bedingungen mit Erfolg die Sterne beobachtet und fotografiert, ist viel größer als man vermuten mag. Ob vom heimischen Balkon, der Terrasse oder einem nahe gelegenen Parkplatz aus – der Fantasie sind keine Grenzen gesetzt, wenn es darum geht, nach den Sternen zu greifen.

Dieses Buch ist das Ergebnis von mehr als dreißig Jahren Beobachtungserfahrung mitten in einer Großstadt. Es soll dazu dienen, Hobby-Astronomen (und solchen, die es werden wollen) die besonderen Tipps und Tricks zu zeigen, die auch eine Sternbeobachtung in der Stadt zum Erfolg werden lassen.

Durch seinen klaren didaktischen Aufbau, die praktischen Ratschläge zur benötigten Ausrüstung und einem Glossar am Ende des Buches macht es dieser Sternführer möglich, sofort mit der Beobachtung von Sternen, Planeten und den anderen Himmelsobjekten über den Dächern der Stadt zu beginnen.

Mit ein wenig Geduld und dem notwendigen Know-how steht das sichtbare Universum nämlich auch den Stadtbeobachtern zur Verfügung. Darauf können Sie sich verlassen!

Denis Berthier

# Und so geht's

Der Abend verspricht gut zu werden. Der Luftdruck steigt und das Wetter soll schön bleiben. Jetzt gilt es; heute werden die Sterne beobachtet! Aber wo und mit welchem Instrument? Für den Anfang mit dem Besten, was die Natur zu bieten hat: Ihren eigenen Augen natürlich!

### Ihre eigene „Sternwarte"

Zuerst einmal geht es darum, das eigene kleine Observatorium zu improvisieren. Im Idealfall verfügen Sie über einen kleinen Garten, abgeschirmt von störender Beleuchtung mit einem Blick Richtung Süden. Eine Terrasse oder ein Balkon mit Südblick ist auch gut. Jedoch wärmen sich Gebäude tagsüber stark auf und geben diese Wärme in den ersten Nachtstunden wieder an die Umgebung ab. Dadurch entstehen Luftturbulenzen, die für das bloße Auge zwar unsichtbar sind, die Beobachtung mit dem Teleskop aber durchaus beeinträchtigen können. Manch einer mag sich sogar damit zufrieden geben müssen, durch ein geöffnetes Fenster zu beobachten. Wenn dieses „Fenster zum All" einen Großteil des Himmels erkennen lässt,

*Ob Balkon oder Terrasse, beides eignet sich gut als Sternwarte. Auch ein kleiner Balkon bietet genügend Platz, mit einem Teleskop wie diesem zu beobachten.*

können auch so eine Vielzahl von Himmelsobjekten betrachtet werden. Die wichtigste Regel lautet in jedem Fall: Schalten Sie alle erreichbaren Lampen aus, Ihre Augen dürfen auf keinen Fall geblendet werden. Schützen Sie sich vor Straßenlampen und anderer Fremdbeleuchtung, indem Sie Ihr Instrument mit einer großen Pappe, einer Decke oder anderen Hilfsmitteln abschirmen. Schrecken Sie nicht davor zurück, Nachbarn mit großzügiger Beleuchtung (Bewegungsmelder!) um weniger Licht zu bitten; meist trifft Ihr Anliegen auf Verständnis.

### Mit den bloßen Augen schauen…

Unsere Augen besitzen die bemerkenswerte Eigenschaft, ihre Lichtempfindlichkeit in dunkler Umgebung zu steigern. Im Vergleich zu hellem Sonnenlicht steigt das Sehvermögen im Dunkeln um den Faktor 10000 an. In der Nacht weitet sich die Augenpupille, so dass mehr Licht in das Auge gelangen kann. Die Netzhaut ist mit zwei verschiedenen Sorten von lichtempfindlichen Zellen ausgestattet: den Zapfen und den Stäbchen. Während uns die Zapfen (am Tage) farbige Bilder sehen lassen, können die sehr viel empfindlicheren Stäbchen nur Bilder in Schwarzweiß liefern. Mit zunehmender Dunkelheit geht die Leistung der Zapfen immer mehr zurück, die der Stäbchen hingegen nimmt zu. Daher sind nachts „alle Katzen grau", unsere Augen können keine Farben mehr wahrnehmen. Eine von Mondlicht beschienene Landschaft wird keine oder nur sehr schwache Farben erkennen lassen. Es ist sehr wichtig, den Augen genügend Zeit zur Anpassung an die Dunkelheit zu geben – 20 bis 30 Minuten sollten es schon sein. Nach dieser Phase der Dunkeladaption werden Sie auch in der Stadt sehr viel mehr Sterne sehen können, als Sie vorher für möglich gehalten hätten.

Um während der Beobachtung kurz etwas nachlesen zu können, bedient man sich einer mit roter Folie bedeckten Taschenlampe. Das Auge wird von Rotlicht nicht geblendet, und die Dunkelanpassung bleibt erhalten.

## Gute Buchführung ist alles

Ein unverzichtbares Hilfsmittel ist Ihr astronomisches Beobachtungsbuch. Tragen Sie dort alles ein, was Sie sehen, beobachten und bemerken. Ob Sie es tabellarisch aufschreiben, eine kleine Zeichnung anfertigen oder einfach Ihre Eindrücke schildern – im Nachhinein sind diese Notizen spannend zu lesen und ein eindrucksvolles Dokument Ihrer Beobachtungen. Besonders natürlich dann, wenn Sie wirklich etwas entdeckt haben.

So können Sie zum Beispiel wunderbar die Entwicklung eines Kometen verfolgen oder den Ablauf einer Mondfinsternis festhalten. Ein gebundenes Buch wird diesen Zweck besser erfüllen als lose Blätter, für Zeichnungen benutzen Sie am besten eine Kladde. Auch Galileo Galilei oder Camille Flammarion haben ihre Beobachtungen in Zeichnungen festgehalten.

## Orientierung mit Hilfe der Sonne

Vor der Himmelsbeobachtung ist es ratsam, sich auf der Erde zu orientieren. Wo ist Norden, wo Westen und Süden? Welchen Teil des Himmels können Sie von Ihrem Beobachtungsplatz aus überblicken? Sich anhand der Sonne zurechtzufinden ist ganz einfach: Die Sonne geht im Osten auf, erreicht mittags ihren höchsten Stand im Süden und geht im Westen wieder unter. Im Laufe der Jahreszeiten verschieben sich Auf- und Untergangspunkt allerdings ein gutes Stück: Im Sommer geht die Sonne im

*Die Sonne geht im Osten auf und im Westen unter. Merken Sie sich diese Punkte anhand von Gebäuden oder anderen irdischen Orientierungshilfen.*

Nordosten auf und im Nordwesten unter. Im Winter hingegen, wenn die Tage sehr viel kürzer sind, erhebt sich das Tagesgestirn im Südosten über den Horizont und verschwindet bereits im Südwesten wieder. Aber Achtung: Sommerzeit und Zeitzonen bewirken, dass die Sonne im Sommer an manchen Orten erst gegen 13:30 Uhr im Süden steht! Mit einem Kompass lassen sich die Himmelsrichtungen natürlich noch genauer und leichter bestimmen. Wenn Sie erst einmal etwas mit den Sternbildern vertraut sind, wird ein kurzer Blick an den Himmel ausreichen, um die Himmelsrichtungen zu bestimmen; nicht anders haben es über Jahrhunderte die Seeleute auch gemacht. Alle Objekte am Himmel folgen im Großen und Ganzen dem Lauf der Sonne: Sie gehen im Osten auf, erreichen im Süden ihre höchste Stellung und gehen im Westen wieder unter. Mit anderen Worten ist Ihr Beobachtungsplatz dann gut zur Sternbeobachtung geeignet, wenn er tagsüber möglichst sonnig ist. Im Idealfall überblicken Sie von dort aus den Ost- und Südhimmel oder auch den Süd- und Westhimmel. Übrigens handelt es sich bei der Wanderung der Gestirne nur um eine scheinbare Bewegung. In Wirklichkeit ist es die Erde, die uns durch ihre ständige Drehung von West nach Ost die Wanderung der Himmelsobjekte vorgaukelt.

# Ein Spaziergang am Nachthimmel

*Was sind eigentlich diese funkelnden Lichter über unseren Köpfen? Diese Frage hat bereits unsere Vorfahren stark beschäftigt. Aus Religiosität und Naturverbundenheit vergötterten sie die Sterne, indem sie diese mit den Namen ihrer Sagengestalten bedachten.*

## Die Geburt der Sternbilder

Die Beobachter der Antike deuteten die Sternmuster als an den Himmel versetzte Helden und Tiere, so z.B. den Herkules oder den Löwen. Auf diese Weise sind die Sternbilder entstanden, deren klangvolle Namen uns bis in die heutige Zeit überliefert wurden. Offiziell werden die Sternbilder mit lateinischen Namen und einzelne Sterne mit griechischen Buchstaben bezeichnet. Besonders helle oder auffällige Sterne tragen Eigennamen, die meist arabischen Ursprungs sind, da die ersten Sternkataloge aus der arabischen Welt stammen.
Die fantasievollen Sternfiguren sind eine willkürliche Erfindung, ihre einzelnen Sterne stehen oft in keinem physikalischen Zusammenhang. Vielmehr sind sie häufig sogar weit voneinander entfernt, und die Muster an unserem Nachthimmel entstehen nur durch die Perspektive. Heutzutage ist der gesamte Himmel in genau 88 Sternbilder unterteilt, von denen allerdings nur etwa 60 von Mitteleuropa aus zu sehen sind.

## Der Große Wagen als Wegweiser

Zu Frühlings- und Herbstbeginn geht die Sonne genau im Osten auf und im Westen unter. Haben Sie sich diese Richtungen eingeprägt? Wenn Sie bei hereinbrechender Nacht genau nach Westen schauen und sich dann um eine Vierteldrehung nach rechts drehen, dann blicken Sie genau – nach Norden!
Lassen Sie in dieser Richtung den Blick über den Himmel schweifen, und halten Sie nach

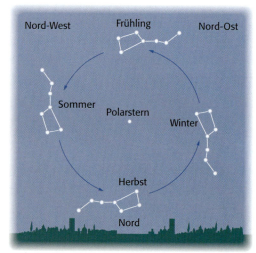

*Der Große Wagen zeigt auf seiner Wanderung über den Himmel die Jahreszeiten an.*

sieben etwa gleichhellen Sternen Ausschau, die eine Art Schöpfkelle bilden: der Große Wagen. Im Verlauf der Jahreszeiten werden Sie ihn unterschiedlich orientiert sehen. Im Frühling steht er gegen 22 Uhr gcnau über uns, im Zenit. Im Sommer dagegen befindet er sich auf halber Höhe am Westhimmel. Bis zum Herbst nähert sich der Große Wagen immer weiter dem Horizont und ist dann schwierig zu beobachten. Im Winter schließlich, immer gegen 22 Uhr, werden Sie ihn senkrecht am Osthimmel finden. Die unterschiedlichen Positionen des Großen Wagens sind ein Abbild der Erddrehung um die Sonne. Auch im Laufe einer Nacht dreht er sich deutlich (entgegen dem Uhrzeigersinn) um den

Himmelsnordpol, ohne dabei jemals unter den Horizont zu tauchen. Neben dem Großen Wagen gibt es noch weitere Sternbilder, die immer über dem Horizont stehen und daher „zirkumpolar" genannt werden.

## Der Polarstern – Zentrum der Himmelsdrehung

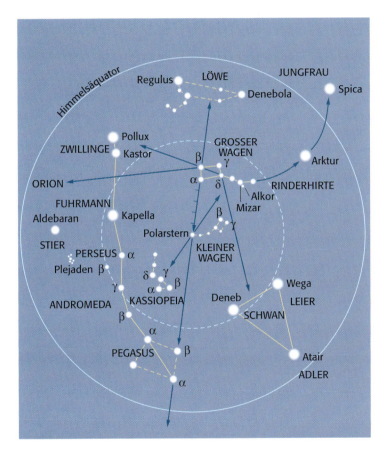

Sie finden den Polarstern, indem Sie den Abstand der beiden hinteren Kastensterne des Großen Wagens, Merak (β) und Dubhe (α), um ihren fünffachen Wert in Richtung zu Dubhe verlängern. In einer recht sternleeren Gegend befindet sich dann ein mittelheller Stern der 2. Helligkeitsgrößenklasse (vgl. S. 23 unten) –

der Polarstern. Er steht fast exakt an der Position des nördlichen Himmelspols. Der Polarstern ist der Dreh- und Angelpunkt der scheinbaren Himmelsdrehung; um ihn rotieren alle Sterne in knapp 24 Stunden (exakt: $23^h56^m04^s$, ein Sterntag). Dieser Stern stellt die Spitze der Deichsel des Kleinen Wagens dar, dem kleinen Bruder des Großen Wagens. In der Stadt werden Sie neben dem Polarstern oft nur die beiden hinteren Kastensterne des Kleinen Wagens sehen. Sie heißen Kochab (β) und Pherkad (γ) und sind 2. bzw. 3. Größenklasse. Blicken wir vom Großen Wagen über den Polarstern auf die andere Seite des Himmels: Dort fällt sofort ein Sternbild in Form des Buchstabens „W" auf – die Kassiopeia, oft auch „Himmels-W" genannt. Noch ein Stückchen weiter sehen Sie im Herbst die Sternenkette der Andromeda und das Pegasus-Viereck. Am besten prägen Sie sich diese Zusammenhänge mit Hilfe der links abgebildeten Sternkarte ein. Zurück zum Großen Wagen. Dem Bogen der Wagendeichsel folgend, treffen Sie auf den hellen Arktur im Frühlingssternbild Rinderhirte und weiter auf Spica in der Jungfrau. Die Verbindung Megrez (δ) – Merak (β) führt Sie im Winter zu Kastor und Pollux in den Zwillingen. Die beiden vorderen Kastensterne Phekda (γ) und Megrez (δ) weisen den Weg zum Sommerdreieck, das von Wega, Deneb und Atair gebildet wird. Die „Wagenräder" Phekda (γ) und Merak (β) deuten in Richtung des Wintersternbilds Orion.

• Ein Spaziergang am Nachthimmel • 13

# Der Himmel à la carte

*Den Himmel ohne Sternkarte erkunden zu wollen, kommt der Fahrt in ein unbekanntes Feriengebiet ohne Autoatlas gleich. Sie riskieren, sich zu verirren und unterwegs die schönsten Sehenswürdigkeiten zu verpassen.*

## Rund, praktisch und gut

Eine drehbare Sternkarte ist eines der wichtigsten Hilfsmittel für Ihr neues Hobby. Durch das drehbare Deckblatt wird die Karte zu einem wahren Himmelskalender, der Ihnen den Weg zu jedem beliebigen Sternbild am Himmel weisen kann – und das zu jedem beliebigen Datum und jeder beliebigen Uhrzeit. Eine Kleinigkeit ist jedoch zu beachten: Die meisten drehbaren Sternkarten sind für einen bestimmten Längen- (und Breiten-)grad hergestellt, und man sollte die Sommerzeit und die Ortszeitkorrektur (meist im Beiheft angegeben) berücksichtigen: Leben Sie weiter westlich als der Gültigkeits-Längengrad der Karte, so sehen Sie den gleichen Himmelsausschnitt später, leben Sie weiter östlich, so sehen Sie ihn früher. Manche Modelle (z. B. die *Drehbare Kosmos-Sternkarte*) besitzen auch einen Zeiger, mit dessen Hilfe Sie Planeten und andere Himmelsobjekte über ihre Koordinaten **Rektaszension** und **Deklination** einstellen können. Diese Himmelskoordinaten entsprechen den auf der Erde gebräuchlichen geografischen Längen- und Breitengraden.

## Einfach zu bedienen

Zuerst drehen Sie die Uhrzeit über das aktuelle Datum und halten die Karte dann so vor sich,

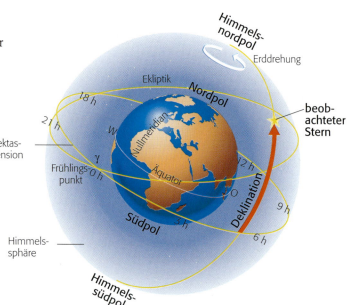

*Das Prinzip der Himmelskoordinaten ist analog zu den geografischen: Aus Länge und Breite werden Rektaszension und Deklination. Mit diesen Koordinaten kann die Position jedes Himmelsobjektes angegeben werden.*

dass die dort am ovalen Horizont angegebene Himmelsrichtung mit Ihrer Blickrichtung übereinstimmt. Ein Beispiel: Schauen Sie nach Westen, dann müssen Sie die Karte insgesamt so drehen, dass sich der Westhorizont unten befindet; möchten Sie die Sternbilder im Norden aufsuchen, dann muss sich der Nordhorizont der Karte unten befinden. Allgemein gilt, dass

## Der praktische Himmelsführer

Die Auswahl an drehbaren Sternkarten ist groß, das Prinzip ist aber immer das Gleiche: Auf dem Grundblatt ist der Sternenhimmel abgebildet, darüber befindet sich ein drehbares Deckblatt, dessen durchsichtiger Teil den Horizont für mitteleuropäische Breiten (meist 50° Nord) abgrenzt. Um die Sternkarte sind mehrere Skalen angeordnet: Von innen nach außen sind dies auf dieser Karte die Datum-Skala, die Skala für die Position der Sonne und die rote Rektaszensions-Skala. Das Deckblatt besitzt am Rand die Uhrzeit-Skala. Die Handhabung der Karte ist ganz einfach: Es genügt, die aktuelle Uhrzeit mit dem aktuellen Datum zur Deckung zu bringen – und schon haben Sie den derzeit sichtbaren Sternenhimmel vor sich!

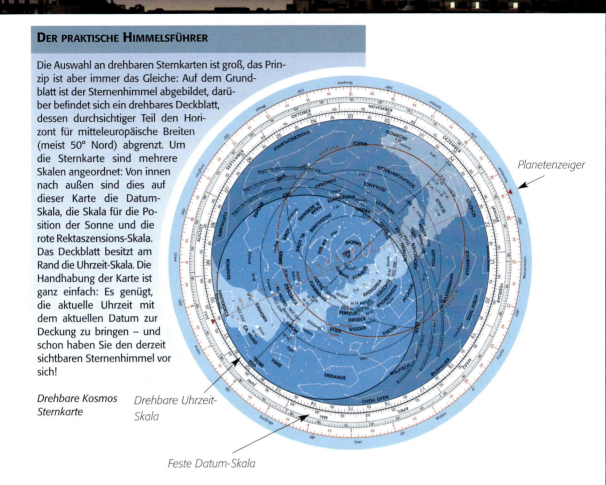

*Drehbare Kosmos Sternkarte*

*Drehbare Uhrzeit-Skala*

*Feste Datum-Skala*

*Planetenzeiger*

die beobachtete Himmelsrichtung auf Ihrer Karte immer nach unten (zu Ihnen hin) weisen muss.

## Planeten und Sterne finden

Sternkarten mit „Planetenzeiger" listen im Begleitheft meist auch die (zeitlich veränderlichen) Koordinaten der Planeten auf. Sie können diese Werte auch aus einem astronomischen Jahrbuch wie dem *Kosmos Himmelsjahr* entnehmen oder mit einer Planetariumssoftware abfragen. Für jedes Jahr werden dort zum Beispiel in Abständen von zehn Tagen die Koordinaten Rektaszension und Deklination für jeden Planeten angegeben. Die Position können Sie dann mit Hilfe des bereits erwähnten Zeigers auf der Karte ablesen. Dazu stellt man den Zeiger mit dem Pfeil auf den (oftmals am äußeren Kartenrand aufgedruckten) Rektaszensionswert ein und liest auf dem Lineal des Zeigers die zugehörige Deklination ab. Das hört sich viel komplizierter an, als es wirklich ist; in der Praxis geht es genau so einfach, wie eine Uhr zu stellen.

In der Stadt sind leider meistens nur die hellsten Sterne zu sehen. Eine drehbare Sternkarte hilft Ihnen dabei, schnell die auffälligsten Sterne und Sternbilder auszumachen und so die Positionen der schwächeren, für das bloße Auge unsichtbaren Sterne zu erahnen.

# Das Universum verstehen

Verloren in den Weiten des Weltalls ist unsere Galaxis; obwohl sie aus Milliarden von Sternen besteht, nicht mehr als ein Sandkorn auf einem langen Sandstrand. Das ganze Universum würde in diesem Vergleich mehr Galaxien beherbergen, als einzelne Sandkörner an diesem Strand zu finden wären...

## Eine von Milliarden Sonnen

Mitten in der hellen Stadt hat man so seine Probleme damit, sich die Weiten des Universums vorzustellen, denn am aufgehellten Himmel lassen sich kaum mehr als 200 einzelne Sterne erkennen. Doch in unserer Galaxis befinden sich mehr von ihnen, als man zählen kann – über 100 Milliarden. Jeder dieser Sterne ist eine Sonne wie die unsere, und manche von ihnen kommen sogar als Sternenpaar daher. Wie viele von ihnen von einem Planetensystem umgeben sind, lässt sich kaum abschätzen. Manche Sterne besitzen einen Begleiter, einige sogar mehrere. Alle Sterne sind Teil einer Gruppe von Milliarden, die zusammen das bilden, was man eine „Galaxie" nennt. Diese „Inseln im Universum", wie sie im 19. Jahrhundert getauft wurden, sehen aus wie zwei aufeinander liegende Untertassen, um deren Mitte sich Spiralarme winden. Manche Galaxien weisen aber auch eine mehr oder weniger unregelmäßige Form auf.

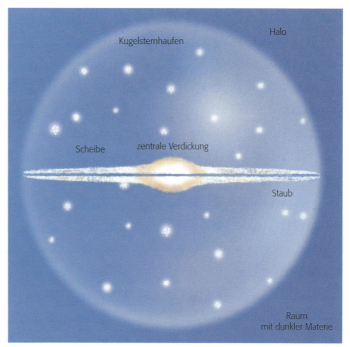

*Diesen Anblick würde unsere Galaxis, von der Seite betrachtet, aus großer Entfernung bieten. Unsere Sonne befindet sich in der Scheibe ungefähr auf halber Strecke vom Zentrum nach außen.*

### KANN MAN VON DER STADT AUS EINE GALAXIE SEHEN?

Aber ja! Bereits mit dem Fernglas kann man auch von der Stadt aus die berühmte Andromeda-Galaxie (M 31) sehen. Sie befindet sich in einer Entfernung von 2,7 Millionen Lichtjahren von unserer Milchstraße und stellt gleichsam deren „große Schwester" dar. Seit das Licht, das Sie mit Ihrem Fernglas oder Fernrohr betrachten, diese Galaxie verlassen hat, sind 2 700 000 Jahre vergangen – es geschah also zu einer Zeit, als es in Afrika gerade die ersten Menschen gab.

*Die Andromeda-Galaxie, unsere Nachbarin im All, ist unserer Galaxis sehr ähnlich. Auch sie beherbergt über 100 Milliarden einzelne Sterne.*

Alle Sterne, die Sie am Himmel sehen können (von der Stadt aus und anderswo), sind Teil unserer eigenen Galaxis, der Milchstraße. Zur Mittelebene der Milchstraße hin stehen die Sterne so dicht, dass man sie mit bloßem Auge einzeln nicht mehr unterscheiden kann. Zusammen bilden sie ein milchiges Band, das sich über den ganzen Himmel zieht.

## Von Haufen und Superhaufen

Die Galaxien sind nicht gleichmäßig im Weltall verteilt; auch sie gruppieren sich zu Haufen, deren Mitglieder Millionen von Lichtjahren voneinander entfernt sind. Als nächste Hierarchie folgen darauf Ansammlungen von Galaxienhaufen, so genannte „Superhaufen", die Milliarden Lichtjahre durchmessende Räume einnehmen. Alle Galaxien zusammen scheinen eine netzartige Struktur zu bilden, die das uns bekannte Universum durchzieht.

Unsere Milchstraße ist Teil der „Lokalen Gruppe" von Galaxien, die wiederum zum so genannten Virgo-Superhaufen gehört; einer Gruppe von Galaxienhaufen, deren Zentrum im Sternbild Jungfrau (lat.: Virgo) liegt.

## Entfernungsmessung im Weltraum

Im Bereich interplanetarer oder gar interstellarer Dimensionen versagt die uns bekannte irdische Entfernungseinheit „Kilometer" vollkommen. Innerhalb des Sonnensystems wird als Maßstab die mittlere Entfernung zwischen Sonne und Erde benutzt: Diese „Astronomische Einheit" (AE) genannte Länge entspricht 150 Millionen Kilometern. Um Abstände zwischen den Sternen anzugeben, ist diese Einheit aber bereits wieder zu klein. Man benutzt stattdessen als Maßstab das Lichtjahr (Lj): die Strecke, die das Licht innerhalb eines Jahres zurücklegt. Aus der Lichtgeschwindigkeit von knapp 300 000 km/s ergibt sich eine Distanz von 9500 Milliarden oder 9,5 Billionen Kilometern für ein Lichtjahr. Wega, der hellste Stern in der Leier, ist beispielsweise 26 Lj von uns entfernt, Sirius, der hellste Stern am Himmel im Sternbild Großer Hund, nur 9 Lj. Gebräuchlich ist auch das Parsec (pc), dem 3,26 Lj entsprechen. Darunter versteht man die Entfernung, unter der der Abstand Sonne–Erde als Winkel von einer Bogensekunde erscheint. Nachfolgend spricht man auch von Kiloparsec (1000 pc) und Megaparsec.

# Leben und Tod der Sterne

*Haben Sie schon einmal die Geburt oder den Tod eines Sterns gesehen? Die Entstehung von Sternen, ihr Lebensweg und auch ihr Tod werden durch das Zusammenspiel von thermonuklearen Prozessen und der Schwerkraft bestimmt. Schon immer haben die Astronomen mit großem Interesse diese Phänomene beobachtet.*

## Stellare Entbindung

Der interstellare Raum (zwischen den Sternen) ist gewaltig, aber nicht vollständig leer. Neben den Sternen und den sie umkreisenden Planeten ist die Leere des Weltraums hier und da von Wasserstoffgas- und Staubwolken riesiger Ausdehnung durchzogen.

Wasserstoff ist das häufigste und älteste Element im Universum. Ein noch einfacher aufgebautes Atom gibt es nicht: Um einen Kern aus nur einem Proton kreist ein Elektron. Aus diesem einfachsten aller Elemente sowie etwas Helium entstanden alle Sterne und alle Galaxien.

Die alles bestimmende Kraft im Universum ist die Gravitation. Einfach ausgedrückt wird sich jedes im Weltall umherirrende Objekt früher oder später einem anderen nähern oder eine Umlaufbahn um dieses einnehmen. Auch die riesigen Gas- und Staubwolken entkommen diesem Schicksal nicht, sie beginnen irgendwann sich zu verdichten, und bilden so die Keimzellen späterer Sterne. Mit zunehmender Kontraktion der Materie steigt die Temperatur im Innern einer solchen Wolke rasant an. Die immer dichter werdende Materiewolke beginnt langsam zu rotieren, ein so genannter Protostern entsteht, aus dem sich später ein oder mehrere Sterne bilden können.

Aufgrund der enorm hohen Temperatur und Dichte im Innern des Protosterns zündet dort früher oder später die Kernfusion. Wasserstoffatome verschmelzen über einen komplizierten Prozess zu Heliumatomen. Diese Kernfusionsprodukte wiegen dabei weniger als das zusam-

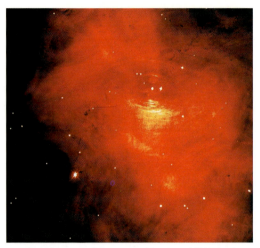

*Der berühmte Krabben-Nebel im Sternbild Stier ist der Überrest der Supernova aus dem Jahr 1054; in seinem Inneren befindet sich ein Pulsar.*

### Ein Stern am hellichten Tag

Am 4. Juli 1054 wurde von China aus ein besonderes Ereignis beobachtet: Am Himmel stand ein bisher unbekannter Stern, der so hell war, dass man ihn sogar am Taghimmel sehen konnte. Die erstaunliche Helligkeit dieses „Gaststerns" hielt für einige Tage an, um dann allmählich wieder zurückzugehen. Einige Wochen später war der Stern nur noch am dunklen Nachthimmel sichtbar. Heute kann man dort mit einem Teleskop den Rest der Supernova aus dem Jahr 1054 beobachten: den Krabben-Nebel im Sternbild Stier. Ohne es zu wissen, haben die Chinesen damals dem dramatischen Ende eines Sterns beigewohnt, der in einer gewaltigen Explosion seinem Leben ein Ende gesetzt hat. Manchmal passiert eben auch am scheinbar unveränderlichen Sternhimmel etwas...

*Der 1500 Lichtjahre entfernte Orion-Nebel ist ein aktives Sternentstehungsgebiet; in ihm konnten bereits mehrere Protosterne beobachtet werden.*

mengenommene Gewicht all ihrer Ausgangskomponenten, der Stern nimmt also stetig ab. Der Masseverlust wird direkt in Energie umgewandelt, die den Stern als Strahlung verlässt. Der steigende Strahlungsdruck wirkt der Gravitation entgegen und hindert die Gasmassen daran, weiter in sich zusammenzustürzen – so bildet sich ein leuchtender Gasball: Ein neuer Stern ist geboren.

Junge Sterne sind oft von einer ausgedehnten Scheibe aus Gas und Staub umgeben, aus der sich später ein Planetensystem bilden kann. So ist es bei unserer Sonne geschehen, die von neun großen Planeten umgeben ist.

## Das Energiekraftwerk

Im Laufe seines Lebens wandelt ein Stern hauptsächlich Wasserstoff in Helium um und erzeugt dabei Strahlung und Wärme. Der fortschreitende Fusionsprozess erzeugt später auch schwerere Elemente wie Sauerstoff und Silizium. Auch unsere Sonne verbrennt seit fünf Milliarden Jahren Wasserstoff zu Helium: in jeder Sekunde 600 Millionen Tonnen, wobei sie 4 Millionen Tonnen an Masse verliert. Ihr riesiger Wasserstoffvorrat würde ihr theoretisch ein weiteres Leben von 10–12 Milliarden Jahren bescheren; in der Praxis wird sie aber „schon" nach 4–5 Milliarden Jahren von diesem Weg abweichen und sich zu einem roten Riesenstern aufblähen.

Zurzeit ist unsere Sonne ist ein vergleichsweise kleiner Stern, ihr Durchmesser beträgt 1 390 000 Kilometer (dies entspricht 109 Erddurchmessern). Andere Sterne sind sehr viel größer und massereicher. Beteigeuze im Orion gehört zum Beispiel zu den roten Überriesensternen, sein Durchmesser würde die Marsbahn überschreiten. Antares im Skorpion besitzt den 480fachen Durchmesser unserer Sonne; er würde sogar fast die Jupiterbahn erreichen. Und der Stern epsilon ($\epsilon$) im Sternbild Fuhrmann übertrifft in seinen Ausmaßen unser gesamtes Sonnensystem!

• Leben und Tod der Sterne •

## In allen Farben

Sobald Sie sich am Sternhimmel etwas besser auskennen, wird Ihnen auch auffallen, dass nicht alle Sterne einfach „weiß" sind, sondern in verschiedenen Farben leuchten. Das Spektrum reicht von Blau über Gelb und Orange bis Rot. Die Farbe eines Sterns verrät etwas über seine Temperatur und gibt auch einen Hinweis auf das Alter des Sterns. Blaue Sterne sind meist jung und sehr heiß, gelbe stehen „mitten im Leben" und besitzen mittlere Temperaturen –

*Der Helix-Nebel im Sternbild Wassermann ist ein typisches Beispiel für einen Planetarischen Nebel. In seiner Mitte befindet sich der kümmerliche Rest des ehemals roten Riesensterns.*

unsere Sonne ist das beste Beispiel hierfür. Rote Sterne hingegen sind kühler, sie befinden sich am Ende ihrer Laufbahn.
Junge Sterne entstehen meist in Gruppen von mehreren Dutzend und bleiben über lange Zeit zusammen. Sie bilden gleichsam Anhäufungen, die man als Offene Sternhaufen bezeichnet. Beispiele dafür sind die Hyaden und die Plejaden im Sternbild Stier, zwei offene Sternhaufen im Alter von 600 bzw. 60 Millionen Jahren – im Fernglas hübsch anzusehen. Eine andere Sorte Sternhaufen kreist in weiten Bahnen um unsere Galaxie. Sie sind viel kompakter gebaut und enthalten weitaus mehr Sterne, die meist sehr alt sind. Diese kosmischen Altersheime beheimaten Tausende Sterne und werden aufgrund ihres Erscheinungsbildes Kugelsternhaufen genannt. Ihr bekanntester Vertreter am Nordhimmel trägt die Bezeichnung M 13 und befindet sich im Sternbild Herkules.

## Ein kritischer Zustand

In Abhängigkeit von ihrer Anfangsmasse sehen Sterne einer Lebensdauer von Millionen (schwere Sterne) oder Milliarden (leichtere Sterne) von Jahren entgegen. Sobald aber der größte Teil ihres Wasserstoffvorrats verbraucht ist, geraten sie sozusagen auf die schiefe Bahn und nehmen ein dramatisches Ende. Ohne weiteren Brennstoff kommt das bisher vorhandene Gleichgewicht aus Strahlungsdruck und Gravitation aus dem Tritt, die Schwerkraft nimmt Überhand und der Stern zieht sich zusammen. Die weitere Entwicklung hängt nun stark von der Masse des Sterns ab. Zwei Szenarien sind möglich: Bei durchschnittlich massereichen Sternen wie unserer Sonne wird sich das Wasserstoffbrennen vom Kernbereich wegbewegen, der Gravitation wird Einhalt geboten und der Stern beginnt sogar, sich auszudehnen. Der Durchmesser wächst auf das Hundertfache an, während die Temperatur der riesigen Hülle sinkt: Es entsteht ein roter Riesenstern, der mehr und mehr seiner Materie in den umgebenden Weltraum abgibt.
Dieser Zustand kann mehrere Tausend Jahre anhalten, um den sterbenden Stern entwickelt sich eine riesige Gashülle, die von den Astronomen aufgrund ihres Erscheinungsbildes Planetarischer Nebel genannt wird. In der Mitte eines Planetarischen Nebels kann ein kleiner, lichtschwacher Stern beobachtet werden. Er wird sich zum Weißen Zwerg entwickeln, einem Stern von der Größe der Erde, dessen Materie aber sehr dicht gepackt ist: Ein Teelöffel davon wiegt mehrere Tonnen.

## Das Diktat der Schwerkraft

Das zweite Szenario beinhaltet ein weitaus dramatischeres Ende, hiervon betroffen sind besonders massereiche Sterne. Bei ihnen wird schließlich die Schwerkraft über den Strahlungsdruck siegen, der Stern schlägt einen nicht mehr aufhaltbaren Weg des Zusammenbruchs ein. Der Zusammensturz der Materie löst eine alles vernichtende Explosion aus, während der der Stern für einige Tage millionenfach heller strahlt als je zuvor. Der Preis für dieses letzte Aufleuchten ist seine vollständige Zerstörung, bis auf einen kleinen Kern wird alle Materie, Tausende von Kilometern pro Sekunde zurücklegend, in den Weltraum geschleudert. Dies ist eine Supernova.
Als Rest dieses tragischen Ereignisses verbleibt ein „Stern", der aus einer merkwürdigen Art von Materie unglaublich hoher Dichte besteht: ein Neutronenstern (bestehend aus Neutronen, elektrisch neutralen Atomkernbausteinen). Der Neutronenstern ist nur einige zehn Kilometer groß, seine Materie aber so dicht gepackt, dass ein Kubikzentimeter davon Millionen von Tonnen wiegt! Das Gewicht eines riesigen Öltankers vereinigt in einem Stecknadelkopf! Solche Sterne geben ihr Licht (oder andere Strahlung) nur noch stark gebündelt ab; durch ihre schnelle Rotation erinnern sie an einen Leuchtturm, der mehrere Mal pro Sekunde aufblitzt. Man nennt diese Sterne daher auch Pulsare. Ein prominentes Beispiel dafür ist der Zentralstern des Krabben-

*Der berühmte Nordamerika-Nebel im Sternbild Schwan: eine riesige Wasserstoff-Wolke, die von heißen Sternen zum Leuchten angeregt wird*

Nebels, Überrest der Supernova des Jahres 1054. Die Riesen unter den massereichen Sternen besitzen kurz vor ihrem finalen Zusammensturz noch so viel Materie, dass sogar nicht einfach nur ein Neutronenstern übrig bleibt. Es entsteht ein Objekt, dessen Anziehungskraft selbst das Licht gefangen hält: ein Schwarzes Loch. Indirekte Beobachtungen deuten darauf hin, dass diese exotischen Objekte tatsächlich existieren.

### Messier, NGC, IC – was ist das?

Leuchtende und dunkle Nebel, Sternhaufen und Galaxien, all diese Objekte sind so zahlreich am Himmel vertreten, dass man sie irgendwann katalogisiert hat.
Der Astronom Charles Messier hatte es sich im 17. Jahrhundert zur Aufgabe gemacht, neue Kometen zu entdecken. Während seiner Beobachtungen sah er viele kometenähnliche Nebelflecken und notierte ihre Position, um sie später nicht mit Kometen zu verwechseln. Sein Originalkatalog umfasste schließlich 103 Objekte, die durch ein großes M gekennzeichnet werden: M 1 steht für den Krabben-Nebel, M 42 für den Orion-Nebel usw.
Ende des 19. Jahrhunderts machte sich John Dreyer daran, das Werk von Messier durch einen systematischen Katalog zu ersetzen. Mit großen Teleskopen wurden 7840 Objekte beobachtet und im NGC-Katalog (New General Catalogue) zusammengetragen.
Die Ergänzung zum NGC-Katalog stellt schließlich der IC-Katalog (Index Catalogue) dar, dessen Objekte für den Hobby-Astronomen aber meist zu lichtschwach sind.

# Lichter in der Stadt

Schon immer wurde von den Städten aus der Himmel beobachtet, und erst seit dem Ende des 19. Jahrhunderts sind die Astronomen dazu übergegangen, Sternwarten auf hohen Bergen zu errichten. Vor allem die klimatisch besseren Bedingungen sowie die dünnere und trockenere Luft trugen dazu bei, dass dort astronomische Beobachtungen höherer Qualität möglich waren. Am Ende des 19. Jahrhunderts wurden unsere Städte aber außerdem von einer neuen Erfindung heimgesucht: der elektrischen Glühbirne.

## Astronomie auf der Straße

Trotz der zunehmenden Lichtverschmutzung durch öffentliche Beleuchtung und Reklameschilder, die immer mehr die Sternbeobachtung beeinträchtigt, finden sich auch in der Stadt Sternfreunde zusammen und bilden aktive astronomische Vereine. Hören Sie sich doch auch in Ihrer Stadt einmal um, bestimmt finden auch Sie schnell Gleichgesinnte (s. auch Adressen S. 107).

So geschah es in den 1960er Jahren in den USA, dass der in San Francisco lebende John Dobson, einer der bekanntesten Amateurastronomen weltweit, mit einigen Freunden den Verein „The Sidewalk Astronomers" gründete. Aufgabe und Ziel dieses Vereins ist es, die Astronomie zurück auf die Straße zu bringen, indem man einfach auf dem Bürgersteig oder in öffentlichen Parks den Passanten den Sternhimmel zeigt. Die Astronomie auf der Straße war damit geboren.

## Lichtverschmutzung

Die in den letzten zwanzig Jahren des 20. Jahrhunderts aufgewachsenen Kinder stellen die erste Generation in der Geschichte der Menschheit dar, in deren Welt der Anblick des Sternenhimmels nicht mehr zu einem Alltagserlebnis zählt. Sterne sind mittlerweile die letzten Objekte, die man bei anbrechender Nacht bemerkt (während es eigentlich die ersten sein sollten). Der überwiegende Teil der älteren

---

**Es gibt solche und solche Strassenlampen...**

Das Stadtbild wird heutzutage vielerorts durch eine sehr beobachtungsfeindliche Lampenart geziert. Inmitten einer großen Glaskugel befindet sich eine direkt sichtbare Glühbirne. Dieser Lampentyp beleuchtet seine Umgebung nach allen Seiten gleichmäßig (dabei besonders den Himmel) und lässt sie somit im blendenden Gegenlicht erscheinen, unabhängig von der Blickrichtung. Der direkte Anblick der Lichtquelle bringt die Pupille dazu, sich zusammenzuziehen, vermindert so die Wahrnehmung der Umgebung und schafft eine unfreundliche und unsichere Atmosphäre.

Sehr viel ausgereifter sind da Lampen, deren Lichtschein durch einen Lampenschirm auf den Boden gerichtet ist. Dann beleuchtet die Lampe auch das, was sie soll, nämlich den sie umgebenden Grund. Dieser Lampentyp erzeugt ein weicheres Licht, das nicht blendet, für eine bessere Ausleuchtung sorgt und die nächtliche Umgebung sicherer macht.

*Die Auswüchse künstlicher Beleuchtung in Kombination mit schmutziger und feuchter Luft lassen den Nachthimmel milchig-trüb erscheinen.*

Generation wird sich dagegen gut daran erinnern können, früher auch mitten in der Stadt einen von Sternen übersäten Himmel und die Milchstraße gesehen zu haben. Unabhängig von ihrem Wohnort kannten sie die wichtigsten Sterne und Sternbilder. Stattdessen gehören nun Straßenlampen und erhellte Gebäude zu unserem kulturellen Stolz. Die Sterne hingegen werden mehr und mehr zu traurigen Gestalten – für traurige Beobachter ganz besonders.

Die meisten Großstädte und deren Vororte liegen mittlerweile unter einer richtigen „Lichtglocke", die die Beobachtung lichtschwacher Sterne sehr schwierig macht. Unter Astronomen nennt man dieses Phänomen schon lange „Lichtverschmutzung".

Der Zustand wird noch zusätzlich verschlechtert, wenn das Licht auf einen mehr oder weniger stark reflektierenden Boden trifft. Schmutz, Staub und Feuchtigkeit in der Luft streuen schließlich das Licht über den ganzen Himmel und sorgen für einen stark aufgehellten Himmelshintergrund.

## Helligkeit und Magnitude

Trotz dieser etwas pessimistischen Beschreibung lassen sich doch auch von der Stadt aus viele Sterne beobachten, einen guten Beobachtungsplatz natürlich vorausgesetzt. Unsere Vorfahren haben die Sterne in sechs Helligkeitsklassen

### Vereine gegen Lichtverschmutzung

Das Problem der Lichtverschmutzung wurde erstmals in den USA thematisiert. Die „International Dark Sky Association" (IDA) hat es tatsächlich geschafft, in einigen Städten Einfluss auf die öffentliche Beleuchtung zu nehmen. In Tucson (Arizona) z. B. wurden nachträglich Lampenschirme montiert und die Glühbirnen gegen Natrium-Niederdruckdampf-Lampen ausgetauscht, deren Licht sich bei der Beobachtung relativ leicht wegfiltern lässt. Das Anbringen von Leuchtreklame unterliegt außerdem strikten Reglementierungen. So verbesserten sich auch die Bedingungen für Astronomen. In Deutschland bemüht sich die „Initiative Dark Sky" der Vereinigung der Sternfreunde (VdS e.V.) um astronomisch (und ökologisch) sinnvollere Beleuchtung (s. vordere Klappe).

(Magnitudines) eingestuft: Die hellsten Sterne bezeichnet man als erster Größe, die mit bloßem Auge gerade noch sichtbaren besitzen die sechste Größe. Später wurde dieses System mit einer physikalischen Grundlage untermauert, und so gibt es heute auch Sterne der nullten Größe und sogar solche mit negativen Magnituden. Sirius, der hellste Stern des Himmels, besitzt die Helligkeit –1,7, unsere Sonne ist gar –27. Größe. Von einer Magnitude zur nächsten weist das Helligkeitsverhältnis den Faktor 2,5 auf: Ein Stern 2. Größe ist also 2,5-mal schwächer als ein Stern 1. Größe usw.

# Die Wetterbedingungen

*Wie wird das Wetter morgen? Diese Frage stellen sich die meisten von uns jeden Tag. Das Klima beherrscht die Welt und beeinflusst unsere Entscheidungen. Aber nur die Astronomen scheren sich wirklich um die Wettervorhersage für die kommende Nacht.*

### Was ist eine schöne Nacht?

Dieser kurze Abschnitt ist natürlich keine Einführung in die Meteorologie, die allein schon den Rahmen dieses Buches sprengen würde. Es ist es aber sehr nützlich zu wissen, wie man seine eigene kleine Wetterprognose macht, um beurteilen zu können, ob die kommende Nacht für astronomische Beobachtungen geeignet ist oder nicht.

Bei Sonnenuntergang lässt der damit verbundene Rückgang der Temperatur den Himmel oft in einem anderen Licht erscheinen. Nach der Dämmerung sinkt die Temperatur weiter und der Wind ändert seine Richtung. In der Stadt verzögert der lokale Treibhauseffekt die natürliche Abkühlung deutlich oder gleicht sie sogar ganz aus. Die örtliche Durchsicht ändert sich mit den Jahreszeiten und den lokalen Klimaverhältnissen. Solange Sie nicht das Glück haben, in einer Stadt mit ständig guten Klimaverhältnissen zu leben, bleibt Ihnen nur übrig, auf eine schöne Nacht zur Beobachtung zu warten. Aber was ist im astronomischen Sinn eine „schöne" Nacht? Es handelt sich dabei um eine wolkenlose Nacht ohne Dunst und Nebel. Das sollte sich von selbst verstehen. Aber man sollte z. B. auch wissen, dass nach einem Tag, an dem der Himmel leicht diesig erschien, die Planetenbeobachtung besonders erfolgreich sein kann. Die Luftschichten sind dann außergewöhnlich stabil. Sterne hingegen sind in solchen Nächten kaum zu sehen. Ein Tag ohne ein Wölkchen am Himmel ist dagegen noch lange kein Garant für eine kristallklare Nacht mit guter Luftruhe. Es gibt eben solche und solche klaren Nächte...

### Hoch- und Tiefdruckgebiete

In der Wettervorhersage werden sie mit fantasievollen Namen bedacht – was aber ist das eigentlich? Die beiden Hauptakteure im europäischen Wettergeschehen sind das Azorenhoch und das Islandtief. Ihre Anwesenheit und Aktivität bestimmen in unseren Breiten hauptsächlich das Wetter. Das Hochdruckgebiet ist, wie der Name

*Wird die Nacht klar werden? Die aufmerksame Beobachtung des Dämmerungshimmels ist die erste Unternehmung des städtischen Astronomen.*

*Verspricht dieser schöne Himmel auch schönes Wetter? Nein, leider fühlen sich diese Stratokumuluswolken hier wohl und werden sich nicht wegbewegen.*

schon sagt, eine Zone mit hohem Luftdruck in Form eines Strudels, der sich (auf der Nordhalbkugel) im Uhrzeigersinn bewegt. Im Sommer wird es meistens von zwei großen Luftmassen begrenzt. Die eine bringt feuchtwarme Luft aus den Tropen und bewegt sich dabei nach Nordosten. Die andere begrenzt das Islandtief, bringt kalte Luft und fließt von polaren Gebieten nach Südwesten. An der Grenze dieser beiden Luftmassen unterschiedlichen Charakters bildet sich eine Front. Wenn die warme (und damit leichtere) Luft die kalte Luft zurückdrängt, indem sie nach oben steigt, bildet sich eine Warmfront. Überwiegt dagegen die kältere Luft, indem sie unter der wärmeren hindurchfließt, so bildet sich eine Kaltfront. Die Wechselwirkungen zwischen warmer und kalter Luft rufen Störungen hervor, die den Luftdruck beeinflussen.

Diese hohen Zirrostratuswolken werden durch warme, feuchte Luft gebildet, die über eine Kaltfront hinwegzieht.

Leichter Dunst weist auf wenig Wind hin. Dann ist die Luft oft ruhig und der Mond oder ein Planet erscheint im Fernrohr besonders scharf.

Kurz gesagt bringt uns ein Hochdruckgebiet schönes Wetter, ein Tiefdruckgebiet hingegen schlechtes. Durch einen Blick auf das Barometer kann man daher die Wetterentwicklung ablesen.

## Ein Barometer richtig deuten

Im Jahre 1643 entwickelte E. Torricelli, ein Schüler Galileis, das Prinzip des Barometers. Der atmosphärische Luftdruck beeinflusst die Höhe einer Quecksilbersäule in einer Glasröhre, deren oberes Ende offen ist. Der Stand des Barometers ist ein guter Indikator für die künftige Wetterentwicklung. Es kommt dabei aber nicht so sehr auf den im Moment angezeigten Wert an als vielmehr auf dessen zeitliche Veränderungen.
Ein konstanter Wert von 1025 mb (Millibar) weist zum Beispiel auf ruhiges Hochdruckwetter hin. Nimmt der Luftdruck alle drei Stunden um 2–3 mb ab, so ist mit schlechtem Wetter zu rechnen, und ein Abfall von 5 mb verheißt absolut nichts Gutes. Sie mögen sich an den 26. Dezember 1999 erinnern: Damals fiel das Barometer binnen weniger Stunden auf 950 mb, und ein über 200 km/h schneller Sturm überzog das Land; die Folgen sind uns allen bekannt.
Die aufmerksame Beobachtung des Barometers, der Form der Wolken und der Windrichtung während der Dämmerung sind die wichtigsten Merkmale, mit deren Hilfe man mit guter Genauigkeit das Wettergeschehen der kommenden Nacht vorhersagen kann. Natürlich müssen auch jahreszeitliche Einflüsse dabei bedacht werden.

## Das Wetter im Frühling

Der Frühling gilt gemeinhin als die Jahreszeit, in der sich das Wetter wieder von seiner schöneren Seite zeigt. Aber es ist auch die Zeit plötzlicher Wetterwechsel, begleitet von starken Unwettern. An klaren Tagen sinkt das Thermometer während der Dämmerung schnell, die Atmosphäre kühlt sofort aus. Große Kumuluswolken lösen sich meist bei Einbruch der Nacht auf.

• Die Wetterbedingungen • 25

*Typisches Hochdruckwetter im Sommer: kalte und klare Luft in großer Höhe mit Flugzeug-Kondensstreifen; die Nacht wird bewölkt sein.*

*Am Spätnachmittag kündigen diese großen Kumulonimbuswolken Gewitter an.*

*Haufenwolken vor blauem Himmel sind echte „Schönwetterwolken". Bei Einbruch der Nacht lösen sie sich meistens auf.*

Der Himmel ist dank der kräftigen Regenschauer und einem starken Frühlingswind oftmals sehr klar. Die ständigen Wechsel von Wind und Regen lassen den Horizont sehr plastisch erscheinen, der Himmel wird dann manchmal erstaunlich transparent. Auch von der Stadt aus hat man nun gute Beobachtungsbedingungen, die mitunter aber von starker Luftturbulenz begleitet sind.

Die Anwesenheit von tief hängenden Stratokumuluswolken fördert hingegen den Treibhauseffekt und es ist Niederschlag zu erwarten. Die Luft bleibt mild, doch dann beginnt es zu regnen! An diesen Tagen muss man sich leider in Geduld üben.

## Das Wetter im Sommer

Ein wolkenloser und blauer Himmel während des Tages ist wie gesagt leider noch lange kein Garant für eine klare Nacht. Dummerweise sind auch gerade im Sommer die Beobachtungsbedingungen in der Stadt am schlechtesten. Die während des Tages gespeicherte Hitze im Beton der Gebäude wird im Laufe der Nacht wieder abgestrahlt und erzeugt starke Luftturbulenzen, die bei der Beobachtung mit einem Teleskop sehr stören.

Die Bilder erscheinen verformt und zappeln hin und her, genau wie man es über einer aufgeheizten Straße im Sommer beobachten kann. Der Hochdruckeinfluss hindert die feuchte Luft aus bodennahen Gebieten daran, aufzusteigen und Wolken zu bilden. Das Wetter ist eigentlich schön, der Wind schwach, aber die Luftverschmutzung steigt, und der Himmel wird immer trüber.

Behalten Sie immer im Bewusstsein, dass nach einem starken Gewitterschauer (eine Warm- und Kaltfront treffen aufeinander) die Atmosphäre wie vom Regen gewaschen erscheint. Aber nach solchen Platzregen ist dann auch der Wind „wie weggeblasen", und der Himmel bleibt in der kommenden Nacht oft hoffnungslos durch eine geschlossene Wolkendecke „versiegelt".

Die zu dieser Jahreszeit stark verschmutzte Luft lässt die Objekte im Teleskop milchig, trübe, zittrig und einfach enttäuschend erscheinen. Die von Natur aus hellen Sommernächte sorgen zusammen mit der Sommerzeit für endlose Dämmerungsphasen. Der Sommer ist wirklich nicht die ideale Jahreszeit für in der Stadt wohnende Astronomen. Glücklicherweise ist dann aber auch Ferienzeit, und die Beobachter können in Richtung besserer Horizonte aufbrechen.

## Das Wetter im Herbst

Im Herbst werden die Tage zunehmend kürzer, und das ist für die Astronomie viel besser. Zu Herbstbeginn trägt das Wetter noch die charakteristischen Züge des Sommers, wenngleich ihm die besonders heißen Tage fehlen. Dieses Klima herrscht oft bis Anfang Oktober, man spricht von einem goldenen Herbst. Einige Zeit später nimmt aber wieder wechselhaftes Wetter, begleitet von Wind und Niederschlag, das Heft in die Hand; die schönen Spätsommernächte gehören der Vergangenheit an. Große Kumuluswolken in Form von riesigen Wattebäuschen vor einem blauen Himmel verheißen weiterhin schönes Wetter. Ein von langen Zirrokumuluswolken überzogener Himmel wird dagegen die Sternbeobachtung verhindern.

## Das Wetter im Winter

Der Winter ist sicher die astronomisch interessanteste Jahreszeit. Dafür spricht vor allem die reiche Auswahl an Beobachtungsobjekten, aber auch ihr wunderbarer Anblick in den schneidend kalten Nächten. Es wird abends wieder früh genug dunkel (auch dank der nicht mehr geltenden Sommerzeit), man kann zeitig mit der Beobachtung beginnen. An trockenen, eisig kalten Tagen im Winter erscheint der Himmel besonders klar und kontrastreich; dann sind auch von der Stadt aus viele schöne Nebel zu beobachten. Also, zögern Sie nicht, nach draußen zu gehen. Der Winterhimmel ist es wirklich wert, ein wenig zu frieren; aber vergessen Sie warme Kleidung, dicke Stiefel, Handschuhe und heißen Tee nicht!

## Auch Geduld gehört dazu

Dieser kleine Streifzug durch die Meteorologie zeigt deutlich, dass die astronomische Beobachtung vor allen Dingen Geduldsache ist, und das Warten auf eine schöne Nacht eben einfach mit dazugehört.
Merken Sie sich am besten: Ein besonders klarer Himmel kündigt immer Regen an. Nach dem Regen, wenn sich die Wolken wieder verzogen haben, sind die Bilder oft sehr klar, aber meist auch von starker Luftunruhe beeinträchtigt. Wenn man weit entfernte Geräusche (eine Kirchenglocke oder eine Bahnstrecke) gut hören kann, deutet dies auf besonders dichte und feuchte Luft hin, die den Schall sehr gut übertragen kann. Auch dann ist leider schlechtes Wetter zu vermuten.

---

### WIE FUNKTIONIERT DER TREIBHAUSEFFEKT?

Die Sonne heizt die Erdoberfläche mit ihrer Infrarotstrahlung auf. Verwechseln Sie sie nicht mit der Ultraviolettstrahlung; beide sind für uns unsichtbar, Letztere aber für den Sonnenbrand verantwortlich. Die Infrarotstrahlen treffen auf den Boden unseres Planeten und werden dort reflektiert, wobei sich ihre Wellenlänge ein wenig ändert. Auf ihrem Weg zurück in Richtung Himmel hindert sie jede Wolke, Dunst oder die verschmutzte Luft daran, wieder in den Weltraum zu entweichen. Die Wärmestrahlen bleiben gefangen und die Temperatur im betroffenen Gebiet steigt – genau wie in einem Treibhaus, bei dem Glasfenster die Wärme zurückhalten.
Der globale Treibhauseffekt ist verantwortlich für die langsame Erwärmung unseres Planeten und ein „heißes" Thema für die Wissenschaftler. Auf lokalem Maßstab, in einer Großstadt mit verschmutzter Luft zum Beispiel, bildet sich oft ein „Mikroklima", in dessen Gebiet die Temperatur ungewöhnlich hoch ist. Im Extremfall werden Grenzwerte für zum Beispiel Stickoxide oder Ozon überschritten und daraufhin die Benutzung von Autos untersagt.

# Die Ausrüstung für die Stadt

# Ein Fernglas ist unschlagbar

*Seine geringe Größe lässt ein Fernglas im Vergleich zu einem Teleskop eher unbedeutend erscheinen. Für die Himmelsbeobachtung besitzen diese scheinbar kleinen Instrumente aber einen großen Wert.*

### Von großen Qualitäten...

Ferngläser stellen keineswegs nur „einfache" Instrumente dar, mit denen der angehende Hobby-Astronom seine ersten Schritte macht, bevor er sich dann ein „richtiges" Teleskop zulegt. Ganz im Gegenteil, ein Feldstecher ist ein unverzichtbares Werkzeug für die Astronomie. Nicht wenige Astronomen benutzen regelmäßig ein Fernglas zur systematischen Beobachtung, sei es von veränderlichen Sternen oder von Kometen. Dieses kleine Instrument bietet eine breite Palette unschlagbarer Vorteile: vernünftiger Anschaffungspreis, kompakte Bauweise und daher einfach zu transportieren, Handlichkeit, schnelle Einsatzfähigkeit, großes Gesichtsfeld, gute Abbildungsqualität. Dazu kommen noch die quasi intuitive Bedienung sowie das sehr angenehme Sehen mit beiden Augen (was das Bild plastisch erscheinen und schwächere Sterne wahrnehmen lässt).

### ...und zweierlei Mängeln

Trotzdem besitzen auch Ferngläser Nachteile. Beobachtet man mit ihnen den Himmel, so ermüden die Arme schnell, und das Bild beginnt zu zittern. Dem kann man natürlich entgegenwirken, indem man das Fernglas auf einem Stativ befestigt. Die Beobachtung sehr hoch stehender Objekte, besonders im Zenit, wird dadurch allerdings fast unmöglich. Weiterhin beschränkt die feste und recht kleine Vergrößerung (zwischen 7fach und 15fach) die Möglichkeiten: Details auf Planeten lassen sich mit einem Fernglas nicht erkennen.

### Auf halbem Weg zum Teleskop

Wie bei Teleskopen ist auch bei Ferngläsern der Objektivdurchmesser das wichtigste Merkmal. Genau genommen bestimmt die Fläche der Linse das Lichtsammelvermögen.
Ein Fernglas, dessen Objektivlinsen zum Beispiel 50 mm Durchmesser haben, sammelt 50-mal mehr Licht als die schon an die Dunkelheit angepassten Augen. Um im Vergleich zu diesem Fernglas wiederum 50-mal mehr Licht zu sammeln, muss man schon ein Teleskop mit 355 mm Durchmesser benutzen. Solch ein Instrument wiegt gut 50 kg und kostet so viel wie ein Kleinwagen. Man kann also durchaus behaupten, dass sich die Leistung eines Fernglases auf halbem Weg zwischen dem bloßen Auge und einem großen Amateurteleskop einordnet. Und der Anblick ausgedehnter Objekte wie offener Sternhaufen, Kometen oder großer Galaxien ist im Fernglas weit spektakulärer als im Fernrohr.

### Kleine Fernglaskunde

Ein Fernglas ist eigentlich ein kleines Doppelfernrohr. Durch den Einsatz von Prismen im Strahlengang erscheint das Bild aufrecht und seitenrichtig. Außer den einfachen „Operngläsern" gibt es zwei Sorten von Ferngläsern: solche mit einem Geradsichtprisma (Dachkantfernglas) und jene mit einem Porroprisma. Erstere sind kompakter gebaut, aber teurer und schwieriger herzustellen. Die anderen sind weiter verbreitet. Man kann nicht sagen, welcher Typ besser ist, doch Ferngläser mit Geradsichtprisma sind allgemein von hoher Qualität.

**Der Strahlengang in einem Dachkantfernglas**

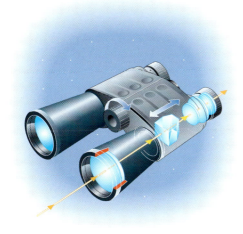

**Der Strahlengang in einem Feldstecher mit Porroprismen**

*Zwei gängige Bauweisen von Ferngläsern: links die Dachkant-Variante, rechts das Fernglas mit Porroprismen*

○ **Leistungsfähigkeit:** Zwei durch ein x-Zeichen getrennte Angaben auf dem Gehäuse des Fernglases geben die Vergrößerung und den Objektivdurchmesser in Millimetern an. Ein Beispiel: Der typische „8x50"-Feldstecher weist 8fache Vergrößerung auf und hat zwei Objektive mit je 50 mm Durchmesser. Diese Angaben charakterisieren das Instrument, obwohl man ein 7x50-Gerät nicht allein aufgrund dieser Zahlenangaben mit einem 12x80- oder einem 9x63-Instrument vergleichen kann.

○ **Sichtbarkeit:** Um allerdings einen ersten Anhaltspunkt für die Leistung von Ferngläsern unterschiedlicher Bauart zu erhalten, sind diese Zahlen sehr praktisch. Es gibt eine einfache Methode, um den so genannten Sichtbarkeits-Faktor zu bestimmen. Man multipliziert dazu die beiden oben genannten Werte Vergrößerung und Objektivdurchmesser miteinander, und erhält eine Angabe für die relative Leistung des Instrumentes. Danach ist ein 8x50-Fernglas (8x50 = 400) besser als ein 7x50 (= 350). Ein Modell mit der Bezeichnung 12x80 (= 960) übertrifft ein anderes mit nur 10x50 (= 500) um fast das Doppelte.

○ **Wahres Gesichtsfeld:** Eine weitere wichtige Größe ist das tatsächlich sichtbare Gesichtsfeld. Diese Angabe ist meist auch auf dem Instrument eingraviert: 6,5°, 7,5°, etc. Oder es wird stattdessen das in 1000 Metern Entfernung sichtbare Gebiet angegeben. Ein Beispiel: 131 m auf 1000 m bedeuten, dass dieses Fernglas ein 131 m großes Gebiet in 1000 m Entfernung abbildet. Um diese Angabe in Grad umzurechnen, dividiert man die Angabe in Metern durch 17,5; in diesem Fall ergibt sich ein 131/17,5 = 7,5° großes Gesichtsfeld.

- **Scheinbares Gesichtsfeld:** Dabei handelt es sich um das Gebiet, das man subjektiv wahrnimmt. Es wird durch Multiplikation des wahren Gesichtsfeldes mit der Vergrößerung angegeben. Diese Angabe ist sehr wichtig, da ein großes scheinbares Gesichtsfeld für mehr Beobachtungskomfort steht.

## Die Austrittspupille: ein strittiger Wert

Die Austrittspupille eines Fernglases kann man erkennen, wenn man es am ausgestreckten Arm hält und hineinschaut. Sie stellt gleichsam den Ausgang des „Lichttrichters" dar. Man kann sie berechnen, indem man den Objektivdurchmesser durch die Vergrößerung teilt. Das 8x56-Fernglas besitzt also eine $56/8 = 7$ mm große Austrittspupille. Je größer dieser Wert ist, desto lichtstärker ist das Instrument.
Ferngläser für die Himmelsbeobachtung sollten eine Austrittspupille zwischen 4 und 7 mm haben. Eine große Austrittspupille erleichtert die Beobachtung, wenn sich der Beobachter auf einem schwankenden Untergrund befindet, wie es zum Beispiel auf Booten der Fall ist.
Ein Instrument mit einer 7 mm großen Pupille eignet sich mehr für junge Benutzer, deren Augenpupille sich in der Dunkelheit bis zu diesem Wert öffnen kann. Ab einem Alter von 50 Jahren weitet sich die Augenpupille allerdings nur noch bis auf 5 mm. In diesem Fall könnte das 7 mm breite Lichtbündel nicht mehr vollkommen in das Auge des Beobachters gelangen, und ein Lichtverlust wäre die Folge. Jedoch ist diese Theorie nicht unumstritten.
Gehen Sie einfach einmal zu einem Optiker und schauen Sie am helllichten Tag durch zwei verschiedene Ferngläser der Bauarten 7x50 und 7x25 (sie besitzen eine 7 bzw. 3,5 mm große Austrittspupille). Tagsüber ist Ihre Augenpupille bis auf 1,5 oder 2 mm geschlossen. Sie dürften zwischen den beiden Ferngläsern keinen Unterschied bemerken, da bei beiden Ihr Auge der begrenzende Faktor ist. Und trotzdem: Welches

*Ein besonderes Stück: Der 22x60-Feldstecher mit Fluorid-Linsen von Takahashi weist hervorragende Abbildungseigenschaften auf.*

der beiden Ferngläser ist nun das lichtstärkere und damit leistungsfähigere Instrument?
- **Pupillenabstand:** In diesem Abstand vom Okular des Fernglases kann Ihr Auge das komplette Bildfeld wahrnehmen. Dieser Wert wird in Millimetern angegeben und ist sehr nützlich, besonders für Brillenträger. Ein großer Pupillenabstand trägt zum Beobachtungskomfort bei.

## Gibt es das ideale Fernglas?

Ihr astronomisches Fernglas muss eine ganze Reihe von Eigenschaften vereinen, die unweigerlich zu einem Kompromiss führen. Das optimale Instrument zur Beobachtung von lichtschwachen Objekten weist ein großes Gesichtsfeld und eine schwache Vergrößerung auf. Ein Fernglas mit 7facher Vergrößerung und großem Gesichtsfeld ist ideal zur Beobachtung ausgedehnter Himmelsgebiete, zum Beispiel für Streifzüge durch die Milchstraße. Dann aber riskieren Sie, die kleinen Objekte zu übersehen.

## Moderne Technik für jedermann

Wer sich etwas Besonderes gönnen will, der sollte die seit einiger Zeit u.a. von Canon angebotenen Ferngläser mit eingebautem Bildstabilisator in seine Auswahl mit einbeziehen. Man stellt das Instrument scharf und drückt einen Knopf – plötzlich bleibt das Bild so stabil, als wäre das Fernglas auf einem Stativ montiert!

Diese Instrumente sind mit einem Gyroskop ausgerüstet, das die Schwingungen der Hände misst und elektronisch auswertet. Die Signale werden an ein bewegliches Prisma weitergeleitet, das diese Schwingungen in Echtzeit ausgleicht. Außerdem sind die Objektivlinsen aus einem hochwertigen Glas gefertigt (wie es auch in professionellen Teleobjektiven verwendet wird) und besitzen eingebaute Bildebnungslinsen. Dadurch liefern diese Ferngläser kristallklare und messerscharfe Bilder bis zum Bildfeldrand.

*Das bildstabilisierende Modell 12x36 von Canon wurde schnell zum Lieblingsisntrument zahlreicher Hobby-Astronomen.*

Für sie ist es besser, eine höhere Vergrößerung zu haben; für Sternhaufen und Gasnebel wäre eine 10- bis 15fache Vergrößerung zu empfehlen. Die Erfahrung zeigt, dass ein typisches 10x50-Fernglas den besten Kompromiss für astronomische Beobachtungen darstellt. Unbedingt vermeiden sollten Sie den Kauf eines Fernglases mit Zoom-Einrichtung; dies ist für die Himmelsbeobachtung nicht geeignet.

## Zu welchem Preis?

Ein Fernglas ist mittlerweile zu fast jedem Preis zu haben, aber wie so oft gilt auch hier, dass das Beste am meisten kostet. Folglich ist ein Instrument, das gleichzeitig ein großes Gesichtsfeld, hohen Kontrast, gute Bildschärfe und einen großen Pupillenabstand aufweist, besonders kostspielig. Für ein gutes Fernglas muss man etwa 200–300 € investieren, die Spitzenmodelle erreichen Preise bis zu 1500 €. Natürlich spielt auch der persönliche Geschmack eine Rolle und ob das Fernglas ausschließlich für die Astronomie genutzt werden oder ein Allround-Instrument sein soll. Es muss ja nicht gleich eines von Zeiss oder Leica sein, in der Mittelklasse zwischen 300 und 800 € finden sich viele Modelle der Fabrikate Fujinon, Nikon, Pentax oder Vixen, die von wirklich guter Qualität sind. Die goldene Regel: Testen, testen und nochmals testen Sie das Instrument in der Praxis. Und das immer mit dem Wissen, dass ein gutes Fernglas eine Anschaffung fürs Leben ist...

## Ein Wort zu „Riesenferngläsern"

Oberhalb der üblichen Feldstecher mit 50 oder 60 mm Objektivdurchmesser spricht man von Großferngläsern oder Binokularen. Das noch relativ handliche 11x80 ist in der Astronomie recht weit verbreitet, wohingegen Modelle der Größe 20x100 oder gar 25x150 von Fujinon, Miyauchi oder Vixen den Preis eines Kleinwagens erreichen. Dafür liefern diese Schwergewichte natürlich auch atemberaubende Bilder. Aber solche Instrumente kosten nicht nur so viel wie ein gutes Teleskop, sie sind auch genauso groß, schwer und umständlich zu transportieren. Und unbedingt benötigen sie ein stabiles Stativ. Ihr Einsatz ist nur für spezielle Zwecke wie zum Beispiel systematische Kometensuche zu empfehlen. Aber auch dann stellt sich die Frage, ob man für das gleiche Geld nicht lieber ein „richtiges" Teleskop erwirbt.

# Ein Teleskop kaufen

*Der Himmel ist Ihnen zum guten Freund geworden und es erscheint legitim, dass Sie sich nun auch ein Teleskop gönnen. Jetzt nur nichts überstürzen – das für Sie beste Teleskop wird weder das teuerste noch das größte oder stärkste sein.*

## Ein wenig Theorie

Der Fachhandel bietet eine kaum überschaubare Auswahl an Geräten an – die richtige Wahl zu treffen, ist zum Wagnis geworden. Aufgrund des überwältigenden Angebotes grassiert heutzutage ein Virus unter den Amateurastronomen: das Verlangen nach immer größerer Öffnung. Viele Amateure bewegen sich in einer ständigen Spirale von Kauf und Verkauf, immer mit dem Ziel, ein noch leistungsfähigeres Teleskop zu erwerben. Denn ein astronomisches Instrument ist keineswegs nur eine „Vergrößerungsmaschine" für Himmelsobjekte. Es dient in erster Linie dazu, mehr Licht zu sammeln, um auch Objekte sichtbar zu machen, die dem bloßen Auge sonst verborgen bleiben. Dies gelingt natürlich umso besser, je größer das Objektiv des Instrumentes ist. Seine zweite Aufgabe erst ist es, kleinere und feinere Details bei den Himmelsobjekten (wie dem Mond oder den Planeten) zu zeigen. Begrenzt wird dieser Detailreichtum durch das Auflösungsvermögen, das wiederum direkt vom Objektivdurchmesser abhängt. Je größer also der Objektivdurchmesser ist, desto leistungsfähiger ist das Teleskop.

## Die verschiedenen Teleskoptypen

Prinzipiell gibt es drei verschiedene Bauweisen:
- **Das Linsenfernrohr**, auch Refraktor genannt, benutzt eine Linsenkombination, um das Licht zu bündeln. Zwei oder drei Linsen am vorderen Ende des Tubus bilden das Objektiv; eine kleine Lupe, das Okular, an seinem hinteren Ende vergrößert das Bild.
- **Das Spiegelteleskop** (oder Reflektor) vom Typ Newton arbeitet mit Spiegeln. Ein großer Hohlspiegel am unteren Ende des Tubus sammelt das Licht, ein kleiner Planspiegel lenkt es seitlich zum Okular hinaus. Der Beobachter schaut also von der Seite in das Teleskop.
- **Bei den katadioptrischen Systemen** unterscheidet man zwei Typen: das Schmidt-Cassegrain-Teleskop und die Maksutov-Bauweise, jeweils nach ihren Erfindern benannt. Auch sie besitzen einen großen Hohlspiegel, der in der Mitte aber durchbohrt ist. Das vom Hauptspie-

---

### Einige Worte zum Thema „Vergrösserung"

Was man Ihnen auch immer erzählen mag, die sinnvolle Vergrößerung eines Teleskops ist auf den 2–3fachen Wert des Objektivdurchmessers, ausgedrückt in Millimetern, begrenzt. Ein Refraktor mit einem 100-mm-Objektiv erreicht also eine Maximalvergrößerung von 300fach – und das auch nur unter optimalen Wetterbedingungen. Eine höhere Vergrößerung lässt das Bild nur dunkler, unscharf und flau erscheinen. Die „Normalvergrößerung" hat den Wert des Objektivdurchmessers (in Millimetern). Für sehr ausgedehnte und lichtschwache Objekte wählt man eine möglichst schwache Vergrößerung.
Die Vergrößerung berechnet man, indem man die Objektivbrennweite durch die Okularbrennweite teilt (z. B. bei 900 mm Brennweite und einem 5-mm-Okular: V = 900/5 = 180fache Vergrößerung). Meist benutzt man ein Set von mindestens drei Okularen verschiedener Brennweite, um die Vergrößerung breit variieren zu können.

gel zurückgeworfene Licht trifft auf einen kleinen, nach außen gewölbten Fangspiegel und gelangt durch das Loch im Hauptspiegel am hinteren Ende des Teleskops zum Okular. Vorne wird der Tubus durch eine speziell geschliffene Glasplatte verschlossen, die die Abbildungsqualität verbessert. Der große Vorteil dieser Geräte ist ihre kompakte Bauweise. Durch den gewölbten Fangspiegel wird die Brennweite stark verlängert, aber die Länge des Gerätes beträgt nur etwa ein Viertel von derjenigen eines Linsenfernrohrs oder eines Newton-Teleskops.

Ein astronomisches Teleskop stellt das Bild auf dem Kopf stehend dar, was für Himmelsbeobachtungen ohne Belang ist. Für Linsenfernrohre und Schmidt-Cassegrain-Teleskope (SCTs) sind aber – zur Beobachtung terrestrischer Objekte – aufrichtende Zwischenoptiken als Zubehör erhältlich.

*Projizieren Sie doch einmal mit einer einfachen Lupe das Bild einer Landschaft auf eine Leinwand. Sobald das Bild scharf erscheint, gibt der Abstand Lupe–Leinwand die Brennweite der Lupe an.*

## Durchmesser, Brennweite und f/D

Zwei Parameter geben Auskunft über die Leistungsfähigkeit eines Instrumentes: der Objektivdurchmesser (der Linse oder des Spiegels) und die Brennweite; beide werden in Millimetern angegeben. Einsteigerteleskope besitzen meist Öffnungen von 60 und 150 mm. In der Stadt macht es wenig Sinn, ein Teleskop mit 200 mm Durchmesser und mehr zu benutzen...

Die Brennweite stellt die Entfernung vom Objektiv dar, bei der ein unendlich weit entferntes Objekt scharf abgebildet wird. Auch bei den Okularen, die zur Vergrößerung des Bildes dienen, ist die Brennweite entscheidend; hier ist sie aber mit 4 bis 40 mm vergleichsweise kurz. Wenn man die Objektivbrennweite (f) durch den Objektivdurchmesser (D) teilt, erhält man das Öffnungsverhältnis f/D, das über die Lichtstärke des Instrumentes Auskunft gibt. Je kleiner der Wert f/D ist, desto lichtstärker ist das Teleskop. Ein Fernrohr mit f/D = 4 ist viel lichtstärker als eines mit f/D = 12. Ein Gerät mit kleinem f/D nennt man auch „kurzbrennweitig"; man wird es eher für die Beobachtung lichtschwacher Himmelsobjekte einsetzen. Ein langbrennweitiges Instrument (mit f/D von 12 bis 15) eignet sich besonders für die Beobachtung von Mond und Planeten.

Die Fachhändler kennzeichnen die von ihnen angebotenen Teleskope stets mit diesen drei Werten, wodurch man sie gut miteinander vergleichen kann. Aber welches Instrument ist nun besonders zur Beobachtung in der Stadt und für Ihren Geldbeutel geeignet?

### FÜNF GOLDENE REGELN FÜR EINSTEIGER

1. Kaufen Sie nicht überhastet irgendein Teleskop.
2. Lassen Sie sich nicht von der Größe beeindrucken. Ein Fernrohr mit 100–120 mm Objektivdurchmesser ist in der Stadt völlig ausreichend.
3. Vergessen Sie die Angabe der Vergrößerung; dies ist ein völlig sekundärer und aussageloser Wert.
4. Besuchen Sie eine Volkssternwarte und schauen Sie dort durch verschiedene Teleskope, bevor Sie Ihre Wahl treffen.
5. Es ist auf jeden Fall besser, das Teleskop bei einem Fachhändler zu erwerben, der Sie gut beraten kann und auch über lange Zeit verlässlichen Service bietet. Fast alle Fachhändler liefern Ihnen das Teleskop auch nach Hause. Adressen finden Sie auf Seite 107.

# Das Teleskop Ihres Vertrauens

Sie sind also fest entschlossen und die Stunde der Entscheidung naht. Nun sollten Sie sich im Klaren darüber sein, was Sie möchten. Denn wenn Sie dann die Qual der Wahl haben, stellt sich die Frage, welches Teleskop nun das Richtige für Sie ist.

## Ein Fernrohr für die Stadt

Ihrem zukünftigen Instrument wird das Schicksal beschieden sein, in der Stadt vom Balkon oder Garten aus benutzt zu werden. Dies stellt gewisse Anforderungen an Leistung und Ausmaße des Gerätes. Die vor einem Kauf zu beantwortenden Fragen sind:
- Welches ist das beste Instrument, das ich mit einem bestimmten Budget erwerben kann?
- Wie viel Platz habe ich für das Teleskop überhaupt zur Verfügung?
- Welches Teleskop verspricht, bei vorgegebenem Objektivdurchmesser, die beste Qualität?
- Welche Montierung soll ich wählen, eine azimutale oder eine parallaktische?

*Das beste Preis-/Leistungsverhältnis hat ein Newton. Seine Bauweise mit offenem Tubus erfordert aber zur Aufstellung eher eine Rasenfläche als den Beton eines Balkons.*

Die Antworten auf diese Fragen werden uns wieder zu einem Kompromiss führen; es gibt leider kein Teleskop, das gleichzeitig preisgünstig, kompakt und optisch perfekt ist. In unserem Fall wird das ideale Fernrohr
- kompakt gebaut sein, um es einfach wegtragen zu können
- transportabel sein, um es auch mitnehmen zu können
- einfach zu bedienen sein
- mit einer einfach aufzubauenden Montierung ausgestattet sein
- eine gute optische Qualität aufweisen (natürlich abhängig vom Preis)

## Und welches ist nun das Beste?

Die Erfahrung zeigt, dass man ein einfach zu bedienendes Instrument moderater Größe öfter und lieber benutzt. Um es zu wiederholen: Moderat bedeutet hier nicht mindere Qualität, sondern eine vernünftige Größenordnung.

- Das beste Teleskop für ein begrenztes Budget ist – das **Newton-Teleskop**, vor allem in der Bauweise nach Dobson. Hier erhält man (für das gleiche Geld) die größte Öffnung und die beste Leistung.

Leider unterliegt die Benutzung von der Wohnung aus gewissen Einschränkungen: Das Newton-Teleskop muss sich vor der Beobachtung lange an die Außentemperatur anpassen, es ist sehr anfällig gegenüber Luftturbulenzen und beansprucht mehr Platz als ein Schmidt-Cassegrain. Außerdem muss ein Newton hin und wieder justiert (d. h. die Spiegel genau aufeinander

*Das Schmidt-Cassegrain: große Öffnung, kompakt gebaut und unter Amateuren sehr beliebt*

*Der Refraktor mit einem Objektiv aus Fluorid-Linsen liefert besonders detail- und kontrastreiche Bilder.*

ausgerichtet) werden. Vor diesem technischen Aspekt schrecken viele Amateure zurück. Wenn Sie nicht über einen Garten zur Beobachtung verfügen, empfiehlt sich ein Newton-Teleskop zur Beobachtung in der Stadt nicht.

○ Das beste Teleskop für begrenzten Raum ist – das **Schmidt-Cassegrain-Teleskop** oder die Maksutov-Variante. Durch ihr spezielles optisches System sind beide sehr kompakt. Der Tubus eines Schmidt-Cassegrains mit 200 mm Objektivdurchmesser und 2000 mm Brennweite ist gerade einmal 40 cm lang. Ein entsprechender Newton würde zwei Meter messen. Auch die Schmidt-Cassegrains benötigen einige Zeit, um sich an die Umgebungstemperatur anzupassen; sie sind aber weniger anfällig für Luftturbulenzen als Newtons. Bedingt durch ihre Bauweise besitzen die katadioptrischen Systeme einen relativ großen Fangspiegel, der den Strahlengang abschattet. Aus diesem Grund ist ihre Abbildung etwas weniger kontrastreich als die anderer Typen. Dank der kompakten Bauweise und der einfachen Möglichkeit zum Transport sind die Schmidt-Cassegrain- und Maksutov-Teleskope aber sehr beliebt.

○ Das beste Teleskop in optischer Hinsicht (für einen gegebenen Durchmesser) ist – das **apochromatische Linsenfernrohr** (mit einem Objektiv aus Fluorid-Linsen). Die messerscharfe Abbildung und der unvergleichliche Kontrast stellen diesen Typ auf Platz eins des optischen Designs. Durch schnellen Temperaturausgleich und relativ geringen Platzbedarf ist der „Apo" seinen Kollegen außerdem überlegen. Zudem ist die Optik von Werksseite aus kollimiert und muss nie mehr nachgestellt werden (und falls doch, ist es sehr einfach). Der „kleine" Haken ist der wahrhaft astronomische Preis für ein Teleskop mit vergleichsweise kleinem Durchmesser. Natürlich kann man immer noch auf einen klassischen „Achromaten" zurückgreifen, dessen Objektivlinse nur aus zwei statt aus drei aufeinander abgestimmten Komponenten besteht, wie es bei einem Apochromaten der Fall ist. Das Bild eines Achromaten wird daher von leichten Farbsäumen um die Sterne beeinträchtigt.

Je nach der Größe Ihres Budgets oder der Leidenschaft, die Sie diesem Hobby entgegenbringen, ist ein Refraktor – sei es nun ein normaler Achromat oder ein teurer Apochromat – mit 70–100 mm Objektivdurchmesser für die Beobachtung in der Stadt eine gute Wahl.

Fazit: Erfahrungsgemäß ist ein Refraktor oder ein kleines katadioptrisches Fernrohr einem temperaturempfindlichen Newton vorzuziehen.

# Parallaktisch oder azimutal?

*A*uch das beste Teleskop taugt nichts ohne eine stabile Montierung. Ihre mechanische Qualität ist mindestens ebenso wichtig wie die Optik des Fernrohrs, denn nichts ist schlimmer als ein Gerät, das beim leisesten Windzug wackelt. Zwei Montierungstypen stehen zur Auswahl: die parallaktische und die azimutale.

## Welche Montierung ist die bessere?

Einfache Teleskope sind meist mit einer azimutalen Montierung ausgestattet. Ihr Prinzip ist simpel: Eine senkrechte und eine waagerechte Achse (wie bei einem Aussichts-Fernglas) erlauben dem Teleskop, in jede Richtung zu schauen – vom Horizont bis zum Zenit. Aber war da nicht etwas – richtig, die Erde dreht sich! Daher bewegen sich alle Sterne von Ost nach West in Bögen über den Himmel. Diese Bewegung werden Sie im Fernglas nicht bemerken, im Teleskop macht sie sich aber aufgrund der stärkeren Vergrößerung bemerkbar. Bei 100facher Vergrößerung wird sich ein Stern auch 100-mal schneller bewegen als mit bloßem Auge wahrzunehmen ist. Um das Objekt im Gesichtsfeld zu behalten, müssen Sie Ihr Teleskop dann ständig durch abwechselndes Verstellen in Azimut und Höhe nachführen. Diese stufenweise Bewegung wird bei höherer Vergrößerung schnell unpraktisch. Um die Nachführung etwas bequemer zu machen, neigt man die ganze azimutale Montierung um einen Winkel, der der örtlichen geografischen Breite entspricht und stellt sie genau in Nord-Süd-Richtung auf. Wenn man das Teleskop nun um die ehemals vertikale Achse dreht, wird es quasi automatisch der Bewegung der Sterne folgen. Dies ist das Prinzip der parallaktischen Montierung.

## Bei genauerem Hinsehen

Die Stundenachse (oder Polachse) dreht sich nun senkrecht zum Äquator. Um einen Stern in der Höhe einzustellen, benutzt man die ehemals horizontale Achse, die jetzt Deklinationsachse genannt wird. Beide Achsen sind meist mit so genannten Teilkreisen ausgestattet, die es dem Beobachter erlauben, für das bloße Auge unsichtbare Objekte mittels Koordinaten einzustellen. Vorher muss die Stundenachse möglichst genau auf den Polarstern ausgerichtet werden; die Montierung ist dann richtig aufgestellt. Eine gute astronomische Montierung besitzt ein kleines, in die Stundenachse eingebautes „Polsucherfernrohr", mit dessen Hilfe man die Ausrichtung

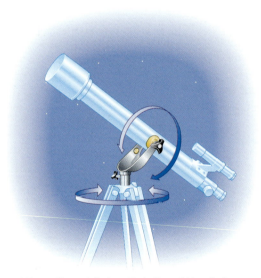

*Wegen ihrer einfachen Technik und Handhabung galt die azimutale Montierung lange Zeit als typisches Einsteigerwerkzeug. Auch wenn sie einige Nachteile aufweist, bleibt sie doch die beste Lösung für kleine und günstige Instrumente.*

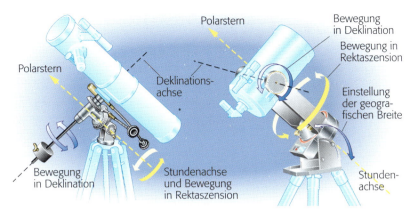

*Parallaktische Montierungen gibt es in zwei Bauweisen: die deutsche Montierung in Form eines T (links) und die bei Schmidt-Cassegrains gebräuchliche Gabelmontierung (rechts).*

auf den Himmelspol sehr genau vornehmen kann. Da sich der Polarstern nicht exakt am Ort des Himmelspols, sondern 48′ von ihm entfernt befindet, hat ein Polsucher eine Markierung, die diesen Abstand berücksichtigt.

Voraussetzung dafür ist natürlich, dass man den Polarstern auch anpeilen kann, was von einem Balkon aus oft nicht möglich ist. Viele Einsteiger verzweifeln an der richtigen Aufstellung ihrer Montierung und halten das Procedere für zu kompliziert. Sie brauchen eine parallaktische Montierung (mit Nachführmotor) aber auch nur dann, wenn Sie längere Beobachtungen durchführen wollen oder die Absicht haben, Astrofotografie zu betreiben.

## Comeback der Azimutalmontierung?

Lange Zeit galt die azimutale Montierung als Technik für Anfänger. Der letzte Schrei sind aber mittlerweile mit einer Computersteuerung ausgerüstete, azimutal montierte Teleskope, die dieser schlichten Bauweise zu einer Renaissance verhelfen. Ein Traum wird wahr: Von einem Minicomputer angetriebene „Schrittmotoren" steuern das Teleskop über den Himmel. Damit es funktioniert, muss man nur Datum und Uhrzeit eingeben und nacheinander zwei helle Sterne anfahren, damit das Gerät „weiß", wo es gerade hinschaut – und schon stehen dem Beobachter Tausende Himmelsobjekte auf Knopfdruck zur Verfügung. Wählen Sie im Menü eines der 110 Messier-Objekte oder der 7800 NGC-Objekte aus, drücken Sie den „GoTo"-Knopf und sehen Sie dem Gerät zu, wie es scheinbar von Geisterhand das ausgewählte Objekt ansteuert. Und welcher Planet ist gerade aufgegangen? Die Steuerbox wird es Ihnen verraten.

## Hallo „GoTo", tschüss parallaktische Montierung

Es mag wie Science Fiction klingen, aber Celestron, Meade oder Vixen stellen solche computergesteuerten Instrumente tatsächlich her. Das „NexStar" von Celestron zum Beispiel bietet sogar eine (kommentierte!) Tour über einen Himmelsausschnitt Ihrer Wahl an. Der Astronomietourismus ist geboren!

Die Entwicklung dieser Systeme mit Aufsuchautomatik wurde durch die modernen Riesenteleskope mit azimutaler Montierung wie dem VLT (Very Large Telescope, Chile) angeregt. Die neue Generation der Profi-Teleskope ist so groß und schwer, dass es unmöglich ist, sie parallaktisch zu montieren. In den Sternwarten werden daher die parallaktisch montierten Teleskope mehr und mehr durch computergesteuerte Azimutalmontierungen verdrängt – und das kam auch den Amateurastronomen zu Gute!

• Parallaktisch oder azimutal? • 39

# Reden wir übers Geld...

Die Astronomie gehört zu den Hobbys, bei denen das Teuerste auch immer das Beste zu sein scheint. Natürlich kostet ein gutes Teleskop auch gutes Geld, aber ein mittelmäßiges zieht eben auch schnell Desinteresse und vielleicht sogar die Aufgabe des Hobbys nach sich – und das ist dann auch ein hoher Preis!

### Sehr kleines Budget

*„Ich habe nicht mehr als 200 €, möchte aber ein Teleskop kaufen."*
◉ Kaufen Sie sich besser einen 8x50- oder 10x50-Feldstecher! Die Modelle Nikon 10x50 CF, Pentax 10x50 PCF (eines der besten dieser Preisklasse), Vixen New Ascot 10x50, Vixen Apex und Bresser Speed 8x40 fallen in diese Preisklasse. Probieren Sie verschiedene Modelle aus, vergleichen Sie den Kontrast, das Gesichtsfeld, den Pupillenabstand und die mechanische Qualität.

◉ Wenn Sie eher an Mond oder Planeten interessiert sind, dann nehmen Sie ein Linsenfernrohr mit einem 60-mm-Objektiv, etwa das Dörr Mars 60 (ca. 120 €) oder das Celestron Firstscope 60 AZ (ca. 120 €).

### Kleines Budget

*„Ich wünsche mir ein gutes Instrument, das aber nicht mehr als 750 € kosten soll."*
◉ Die Auswahl ist groß. Denken Sie auch in diesem Fall über ein gutes Fernglas nach, etwa das hervorragende Fujinon 10x70 oder 16x70 FMT SX (ein kleines Fernrohr für jedes Auge!); das Danubia 11x80 oder auch das Vixen 12x80. Achtung, ein Stativ ist hier unverzichtbar!
◉ Refraktor Celestron 80 EQ-WA (ca. 400 €) und Reflektor Vixen GP-E 114M (parallaktisch, ca. 650 €): Das Celestron weist ein hervorragendes Preis-/Leistungsverhältnis auf und eignet sich mehr für großflächige Objekte, das Modell

*Dörr Mars 60 azimutal*

*Das Meade DS 2070 hat ein gutes Preis-/Leistungsverhältnis.*

> **ZU VIEL ÖFFNUNG SCHADET...**
>
> In der Stadt bevorzugt man besser ein kompaktes Gerät mit maximal 150 mm Öffnung. Ein größerer Objektivdurchmesser wird nur den hellen Himmel verstärken, was für den Kontrast von Nachteil ist.

von Vixen ist das typische „Arbeitspferd" des Hobby-Astronomen (gute Abbildungsqualität, große Auswahl an Zubehör).

○ Teleskope von Meade der Reihe DS: Mit Objektiven von 70 und 114 mm Öffnung erhältlich, sind diese modernen Teleskope mit einer motorgetriebenen Azimutalmontierung ausgestattet. Mit der „Autostar"-Computersteuerung lassen sich Tausende Objekte automatisch einstellen. Der Preis bewegt sich zwischen 450 und 600 €.

○ Celestron C 90: ein kleines, handliches Teleskop für den eiligen Amateur. In der Form eines großen Marmeladenglases steckt ein nur 20 cm langes Maksutov-Teleskop mit 90 mm Öffnung und 1000 mm Brennweite! Das C 90 passt in jede Fototasche und ist in einer Minute einsatzbereit. Trotz seiner schlichten Erscheinung und dem etwas in die Jahre gekommenen optischen Design, ist dieses ganz aus Aluminium gefertigte Teleskop ein guter Verbündeter für spontane Beobachtungen. Leider wird das C 90 nicht mehr gebaut und ist nur noch gebraucht erhältlich; außerdem benötigt man auch noch ein Fotostativ oder eine Montierung.

○ Meade ETX 90 EC: Das erste mit einer computergesteuerten Azimutalmontierung ausgerüstete Teleskop hat sich eine große Fangemeinde erobert. Für etwa 800 € bekommt man ein Instrument, dessen Abbildungsqualität überzeugt, auch wenn bei der Montierung etwas zu viel „Plastik" verwendet wurde. Durch sein Öffnungsverhältnis von f/D = 14 ist das ETX etwas für Mond- und Planetenliebhaber. Für den Autostar-Computer müssen Sie knapp 200 € mehr rechnen.

○ Takahashi FS 60: ein kleiner Refraktor mit einem 60-mm-Objektiv und f/D = 6, der mit den großen mithalten kann. Haben Sie schon einmal durch einen Fluorid-Refraktor geschaut? Dank einer Linse aus Kalziumfluorid (CaF$_2$) ver-

Das C 90 ist der gute Freund des eiligen Astronomen. Eine Montierung muss zusätzlich erworben werden.

Das ETX 90, Phänomen zwischen Mode und Mythos, ist ein in den USA sehr beliebter Maksutov.

• Reden wir übers Geld... • 41

Das Takahashi FS 60 wird Sie trotz seiner unscheinbaren Größe verzücken.

Ein bewährtes Instrument, auch mit moderner Elektronik erhältlich: das C 5

schwinden Farbsäume (fast) komplett. Dieses Teleskop liefert ein unübertroffen kontrastreiches und scharfes Bild, das mit einem klassischen Fraunhofer-Achromaten nicht zu erreichen ist. Werfen Sie unbedingt einmal einen Blick durch eine solche Fluorid-Optik. Für ca. 800 € (ohne Montierung) ist dieses Teleskop schon fast ein Schnäppchen.

## Mittleres Budget

„Ich habe vor, 1000 bis 2500 € zu investieren, ist das genug für ein ‚richtiges' Teleskop?"
Auch in dieser Kategorie darf man die Ferngläser nicht vergessen. Für etwas mehr als 1500 € bekommt man das Takahashi 22x60 mit Fluorid-Linsen (siehe Seite 32), das in dieser Klasse die beste Wahl darstellt, handelt es sich doch eigentlich um zwei kombinierte FS-60-Refraktoren (siehe oben). Die starke Vergrößerung von 22x ergibt aber ein etwas beschränktes Gesichtsfeld und man benötigt unbedingt ein Stativ. In Betracht ziehen sollten Sie auch das bildstabilisierende Canon 15x50 IS.

● Celestron C 5: der große Bruder des C 90 in Schmidt-Cassegrain-Bauweise. Mit 125 mm Öffnung und 1250 mm Brennweite (f/D = 10) erlaubt das C 5 Vergrößerungen bis 300x und hat ein relativ großes Gesichtsfeld. Es ist entweder als Tubus/Optik erhältlich (ca. 1200 €) oder mit einer parallaktischen Montierung (ca. 1400 €). Wegen seiner guten optischen Qualität wurde dem C 5 von einem amerikanischen Verein von Vogelbeobachtern das „Best buy"-Siegel verliehen.

● Meade ETX 125 EC oder Celestron NexStar 5: zwei Instrumente mit vergleichbarer Leistung. Das NexStar besteht aus einem C 5 auf einer einarmigen Gabelmontierung mit GoTo-Steuerung. Seine Blende von f/D = 10 lässt vielfältigere Beobachtungen zu als das ETX. Letzteres ist mit f/D = 15 (analog zum ETX 90) eher zur Mond- und Planetenbeobachtung geeignet. Beim Celestron-Modell kann man kleinere Vergrößerungen nutzen, was für die Beobachtung lichtschwacher und ausgedehnter Objekte von Vorteil ist.
Das NexStar 5 schlägt mit ca. 800 € mehr zu Buche als das ETX 125, hat aber bereits eine Computersteuerung mit einer 18 500 Objekte umfassenden Bibliothek integriert; beim ETX muss man diese als Zubehör extra kaufen (ca. 200 €). Das Celestron NexStar 5 wird für ca. 2200 € angeboten, das Meade ETX 125 für ca. 1400 €.

● Televue Pronto und Ranger: Diese Geräte wurden von einem Ingenieur konstruiert, der früher für die Apollo-Missionen der NASA optische Simulatoren entwickelt hat. Die Produkte von Televue haben daher eine gleichsam

*Das ETX 125 ist der große Bruder des ETX 90 und doppelt so leistungsfähig.*

*Das Pronto: kompromisslose Mechanik, unvergleichliche Optik*

„überirdische" Qualität und sind wahre technische Schmuckstücke. Die sehr kompakten Modelle Pronto und Ranger sind beide mit dem gleichen Objektiv aus ED-Glas von 70 mm Durchmesser und f/D = 6,8 ausgestattet; das Ranger besitzt einen etwas einfacheren Okularauszug. Mit ihnen zu beobachten, ist das pure Vergnügen! Man hat tatsächlich den Eindruck, durch ein viel größeres Gerät zu schauen; dies mag vielleicht ihr weltweites Renommee begründen. Die Preise rangieren zwischen ca. 920 € (Ranger T45) und ca. 1500 € (Pronto „DeLuxe"), jeweils für den optischen Tubus.

○ Unter dem Namen SkyWatcher werden seit einiger Zeit in China hergestellte, relativ preisgünstige Teleskope angeboten, darunter ein Refraktor mit einem 150-mm-Objektiv und f/D = 8. Ein wahres Monster und nur für Leute geeignet, die eine große Wohnung und einen großen Balkon haben... Durch die große Öffnung und die solide Montierung kann man sich mit diesem Refraktor in Ruhe der Mond- und Planetenfotografie widmen. Dieses Instrument hat außerdem den Vorteil, mit ca. 1500 € noch recht erschwinglich zu sein.

## Großes Budget...

*„Ich will das Beste und bin auch bereit, den dafür nötigen Preis zu zahlen..."*

○ In der Stadt macht es wenig Sinn, in deutlich mehr Öffnung zu investieren; Qualität ist Trumpf! Ob Takahashi Fluorid FS 106, Televue 101, Vixen FL 102 S oder Astrophysics ED Traveller 105: Diese Geräte servieren Ihnen den Mond und die Planeten auf einem silbernen Tablett! Hier bewegen Sie sich im Bereich der astronomischen Aristokratie. Rechnen Sie ca. 5000 € für ein Takahashi FS 102, einen Vixen FL 102 S oder das Astrophysics 105 T (nur optischer Tubus) und bis zu 10 000 € für das Takahashi FSQ 106. Und halten Sie noch etwas für das Zubehör zurück...

*Takahashi FS 102: Seine Bilder werden Ihnen den Atem rauben!*

• Reden wir übers Geld... •

# Okulare

Das Okular ist die „kleine Lupe", mit der Sie das wertvolle Bild Ihres Teleskops vergrößern; es begrenzt sprichwörtlich Ihren Horizont. Dieses kleine optische Bauteil ist tatsächlich in der Lage, über Schein und Sein der Abbildungsqualität zu entscheiden. Man sollte dieses Element also besser nicht vernachlässigen.

## Die andere Hälfte des Fernrohrs

Im Lieferumfang eines neuen Teleskops sind meistens ein bis zwei Okulare enthalten. Das genügt auch für den Anfang, aber Sie werden schnell das Verlangen danach haben, Ihr Teleskop mit anderen Vergrößerungen auszustatten. Erfahrene Amateurastronomen behaupten in der Regel, man müsse vier bis fünf Okulare haben, um den meisten Situationen gewachsen zu sein. In der Praxis genügen aber oft drei verschiedene Vergrößerungen:
- eine schwache oder minimale Vergrößerung, die dem 0,2- bis 0,4fachen des Objektivdurchmessers (D) in Millimetern entspricht
- eine mittlere Vergrößerung (die „Normalvergrößerung"), die den 1- bis 1,2fachen Wert von D aufweist
- eine starke (maximale) Vergrößerung, die etwa den zweifachen Objektivdurchmesser D erreicht

Beispiel für einen 90-mm-Refraktor:
- schwache Vergrößerung: 18- bis 35fach
- mittlere Vergrößerung: 90- bis 110fach
- starke Vergrößerung: 180fach

Für dieses Teleskop wird eine noch höhere Vergrößerung nur selten sinnvoll zu nutzen sein.

## Die Vergrößerung berechnen

Die charakteristische Größe für ein Okular ist seine Brennweite (oben eingraviert). Wenn Sie die Brennweite Ihres Teleskops ($f_{Obj}$) kennen, genügt es, diese durch die Okularbrennweite ($f_{Oku}$) zu teilen, um den Wert der Vergrößerung

Ein Sortiment von drei bis fünf Okularen vom Typ Plössl oder orthoskopisch genügt, um den Anforderungen der meisten Amateure gerecht zu werden.

V zu erhalten: $V = f_{Obj}/f_{Oku}$. Ein Teleskop mit der Brennweite 800 mm wird zum Beispiel mit einem Okular der Brennweite 20 mm eine 800/20 = 40fache Vergrößerung erzielen. Dasselbe Teleskop mit einem 5-mm-Okular vergrößert 160fach.

## Und die Austrittspupille?

Wie schon bei den Ferngläsern erläutert (siehe Seite 32), besitzt Ihr Instrument, je nach Vergrößerung, eine unterschiedliche Austrittspupille. Je stärker die Vergrößerung ist, desto kleiner wird die Austrittspupille und umso dunkler das Bild. Umgekehrt gilt, dass je niedriger die Vergrößerung, umso größer wird die Austrittspupille sein und das Bild heller und angenehmer erscheinen. Diese Eigenschaft ist die Grundlage dafür, die Leistungsgrenzen Ihres Instrumentes abzustecken.

Eine Austrittspupille größer als 7 mm kann vom Auge nicht mehr vollständig wahrgenommen werden; eine kleinere als 0,5 mm wiederum erzeugt ein zu dunkles Bild, ist schwierig scharf zu stellen und bringt zunehmend die Unreinheiten auf der Hornhaut des Auges ins Spiel.

Um die Austrittspupille zu berechnen, teilen Sie den Durchmesser des Teleskops durch die Vergrößerung. Im obigen Beispiel wird ein Refraktor mit 100 mm Objektivdurchmesser bei 40-facher Vergrößerung eine 100/40 = 2,5 mm große Austrittspupille aufweisen.

> **INTERFERENZFILTER**
>
> Die Wunderwaffe des städtischen Beobachters, der trotz Lichtverschmutzung schwache Objekte beobachten will: „Deep Sky", „UHC", „O III" oder „H beta". Diese kleinen Zauberer können tatsächlich das Streulicht unterdrücken und den Kontrast deutlich erhöhen. Um sie erfolgreich einsetzen zu können, sollten Sie sich am Himmel aber schon einigermaßen auskennen. Die Preise für diese Filter erscheinen auf den ersten Blick hoch, sie helfen aber besonders bei der Beobachtung von Nebeln wirklich ungemein.

## Die Berechnung des Gesichtsfeldes

Ebenfalls wichtig zu wissen ist, dass das wahre Gesichtsfeld Ihres Instrumentes von der Vergrößerung abhängt. Konstruktionsbedingt haben Okulare Eigengesichtsfelder (angegeben in Winkelgrad) zwischen 45° und 80°. Teilen Sie diesen Wert durch die mit diesem Okular erzielte Vergrößerung. Beispiel: Ein 15-mm-Okular mit einem Eigengesichtsfeld von 52° und einer Vergrößerung von 53fach ergibt:
52°00'0'' / 53 = 0°58'52'', also ein wahres Gesichtsfeld von knapp einem Grad.

Eine andere Methode zur Bestimmung des wahren Gesichtsfeldes besteht darin, einen Stern in der Nähe des Himmelsäquators einzustellen und die Zeit zu stoppen, die er aufgrund der Erddrehung von einem Rand des Okulars bis zum anderen benötigt. Diese Zeit in Sekunden wird durch vier geteilt und ergibt wiederum das wahre Gesichtsfeld in Bogenminuten. Man sollte vor der Durchführung der Messung aber nicht vergessen, einen eventuell vorhandenen Nachführmotor abzuschalten.

## Verschiedene Okulartypen

Es gibt eine große Auswahl unterschiedlicher Okulartypen von verschiedenen Firmen. Ohne ins Detail gehen zu wollen, merken Sie sich am besten einfach, dass die Okulare vom Typ „Plössl" oder „orthoskopisch" für den Amateur das beste Verhältnis von Qualität, Abbildungsleistung und Preis besitzen.

Meade, Celestron, Vixen, Baader, Televue und Takahashi haben ein breites Angebot an orthoskopischen und Plössl-Okularen hoher Qualität mit Brennweiten zwischen 4 und 50 mm; die Preise bewegen sich von ca. 80 bis ca. 250 €.

Amateure mit (sehr) hohen Ansprüchen greifen auf die UWA- (Ultra Wide Angle) Okulare von Meade zurück, und die Modelle Nagler und Radian von Televue sind wahre Meisterwerke der Optikerkunst, die jedes Instrument krönen. Übrigens gibt es Okulare mit drei verschiedenen Durchmessern: 24,5 mm (für kleine Einsteigerteleskope), 31,8 mm (oder $1^{1}/_{4}$ Zoll, die gängigste Größe) und 52 mm (2 Zoll, für höchste Ansprüche).

> **DIE BARLOW-LINSE, EIN NÜTZLICHES ZUBEHÖR**
>
> Wenn Sie glücklicher Besitzer eines kurzbrennweitigen Gerätes mit kleinem Öffnungsverhältnis (f/D zwischen 4 und 5) sind, werden Sie wahrscheinlich nur mit Hilfe einer Barlow-Linse stärkere Vergrößerungen erreichen können, deren Anschaffung sich daher empfiehlt. Mit einer Barlow-Linse können Sie die Brennweite (und damit die Vergrößerung) Ihres Teleskops verdoppeln (manchmal auch verdreifachen). Mit drei Okularen und einer Barlow-Linse stehen Ihnen dann sechs verschiedene Vergrößerungen zur Verfügung.

# Das Sonnensystem über den Dächern der Stadt

# Kennen Sie eigentlich den Mond?

Die Stadt wird schläfrig, der Mond erhebt sich über dem Horizont und verfärbt sich purpurrot im Aufgangsdunst. Im fahlen Licht macht sich der Astronom an seinem Instrument zu schaffen. Ab diesem Augenblick wird die Nacht für ihn magisch...

## Eine geisterhafte Kraterwelt

Der Mond ist das auffälligste und von Amateuren mit Abstand am häufigsten beobachtete Himmelsobjekt. Immer wieder bietet er einen grandiosen Anblick!
Unser Trabant ist möglicherweise der kleine Bruder der Erde. Vor 4,6 Milliarden Jahren wurde er geboren, vielleicht gleichzeitig mit unserem Planeten durch Verdichtung aus einer um die junge Erde rotierenden Scheibe von Steinen und Staub. Eine neuere Hypothese erwägt aber auch einen Zusammenstoß der noch jungen Erde mit einem eingefangenen Planetoiden, wobei sich der Mond aus dem herausgeschleuderten Material dieses Einschlags gebildet haben soll.
Die Anziehungskraft unseres Trabanten reicht nicht aus, um eine Atmosphäre zu halten. Es gibt daher weder Wasser noch Luft und erst recht kein Leben auf dem Mond. Seit Millionen von Jahren herrschen fast unveränderte Verhältnisse. Der Mond ist ein totes Gestirn mit einem durch unzählige heftige Meteoriteneinschläge zernarbten Antlitz. Mehr als 300 000 Krater von einigen Metern bis über 250 Kilometer Durchmesser gibt es auf seiner einen, von der Erde aus sichtbaren Seite.
Seine Berge sind – relativ betrachtet – höher als die der Erde, dadurch tritt das Profil des Mondes stark hervor; Canyons und Verwerfungen besitzen hier völlig andere Proportionen.

## Ein Doppelplanet?

Erde und Mond sind ein ganz besonderes Paar in unserem Sonnensystem. Von der Venus oder vom Mars aus erscheint unser Planet mit seinem Trabanten fast wie ein Doppelplanet, dessen Komponenten niemals mehr als ein Grad voneinander entfernt stehen. Ein beeindruckender Anblick, den wir leider niemals werden bewundern können.
Unser Begleiter umkreist die Erde in knapp einem Monat und er benötigt exakt die gleiche Zeit für eine Drehung um sich selbst. Daher bietet er uns immer den gleichen Anblick (seine sichtbare Seite) und enthält uns die andere Seite (seine unsichtbare Seite) vor. Dies nennt man eine gebundene Rotation.
Jeden Tag geht der Mond im Mittel 50 Minuten später auf und niemals hintereinander am selben Ort! Diese Aufgangsverschiebung ergibt sich aufgrund seiner Drehung um die Erde von West nach Ost. In einer Stunde verändert er

> ### Die „Entstehung" von Meeren, Seen und Sümpfen
>
> Zur Zeit der Anfertigung der ersten Mondkarte im 17. Jahrhundert hat man Mondregionen als Meere, Golfe, Seen oder Sümpfe bezeichnet, in denen es tatsächlich nicht das geringste Tröpfchen Wasser gibt. Vielmehr handelt es sich um riesige basaltische Flächen und Kratereinsenkungen, die jedoch nichts mit Vulkanen zu tun haben. Wegen der Ähnlichkeit zu den entsprechenden irdischen Formationen wurden diese Bezeichnungen gewählt, die übrigens auch heute noch in Gebrauch sind. Aber erst seit den Apollo-Missionen in den 1970er Jahren konnte man die wahre physikalische Natur unseres Trabanten entschleiern (kein bisschen Wasser, geringe Spuren von Gasen in Gestein, vor langer Zeit vulkanische Aktivität).

seine Position in Richtung Osten um seinen scheinbaren Durchmesser. Seine ständige Weiterbewegung um die Erde hat eine immer andere Beleuchtung zur Folge, abhängig von seiner Stellung zur Sonne. So entstehen die kontinuierlichen Änderungen seines Anblicks, die wir Mondphasen nennen, und die von nichts anderem kommen als vom Spiel der Perspektive und des Lichtes.

### Der „junge" Mond

Nehmen Sie einen Kalender zur Hand, um das „Alter" des Mondes zu bestimmen, d.h. die Zahl der seit dem letzten Neumond vergangenen Tage. Bei Neumond selbst ist von unserem Trabanten nichts zu sehen, da er nun mit der Sonne am Taghimmel steht. Ungefähr 48 Stunden nach Neumond können Sie aber schon mit einem Fernglas tief am Westhorizont im Schein der untergehenden Sonne eine sehr schmale Sichel ausfindig machen.

Der dritte Tag des Mondumlaufs beschert uns etwas Besonderes: Sie werden eine von einem fahlen, aschgrauen Schimmer erleuchtete Mondscheibe bemerken, die die hell strahlende Sichel vervollständigt – das „aschgraue Mondlicht". Wenn man sich in diesem Moment auf unserem Trabanten befinden würde, könnte man eine gleißend helle Erde sehen: Es ist fast „Vollerde". Sie sehen den Widerschein der Erde auf dem Mond, den Sie mit dem Fernglas (oder einem Teleskop mit schwacher Vergrößerung) entlangfahren können.

Wie der Mond von der Erde aus Phasen zeigt, so zeigt die Erde in umgekehrter Weise vom Mond aus Phasen. Hypothetische Mondbewohner könnten daher das Erste Erdviertel bewundern, wenn wir den Mond im Letzten Viertel sehen!

Beobachten Sie in den folgenden Tagen aufmerksam die Linie, die die dunkle Seite unseres Trabanten von seiner hellen trennt. Diese Hell-Dunkel-Grenze ist die Sonnenaufgangslinie auf dem Mond, sie heißt „Terminator". Da das Son-

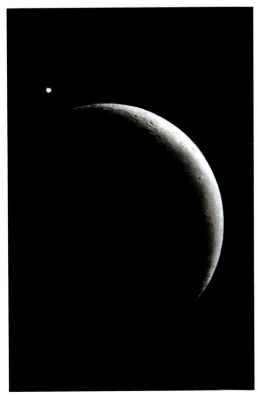

*Der abnehmende Mond mit der Venus kurz vor Sonnenaufgang (Anblick durch ein umkehrendes Teleskop)*

#### STECKBRIEF DES MONDES

**Durchmesser:** 3476 km
**Alter:** 4,6 Milliarden Jahre
**Entfernung Erde–Mond:** 356 400 bis 406 700 km
**Mittlere Entfernung:** 384 400 km
**Siderische Umlaufsdauer:** (Umlaufsdauer um die Erde, bis sich der Mond wieder an derselben Position in Bezug auf einen Stern befindet): 27 T., 7 h, 43 min
**Dauer eines (sid.) Mondtages:** 27 T., 7 h, 43 min, dieselbe Dauer wie ein siderischer Umlauf
**Synodische Umlaufsdauer:** (Umlaufsdauer um die Erde, bis sich der Mond wieder in derselben Position in Bezug auf die Sonne befindet): 29 T., 12 h, 44 min
**Masse:** 1/81 der Erdmasse
**Schwerkraft:** 1/6 der Schwerkraft der Erde
**Temperatur:** +100 °C am Tag, −150 °C in der Nacht

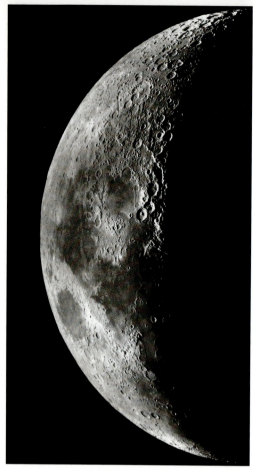

*Kurz vor dem Ersten Viertel (5./6. Tag) sollten Sie unbedingt das schöne Kratertrio Theophilus, Cyrillus und Catharina (Bildmitte) beobachten. Süden ist oben, Anblick durch ein umkehrendes Teleskop.*

nenlicht dort streifend einfällt, treten Details der Mondoberfläche besonders plastisch hervor.

## Die schönsten Sehenswürdigkeiten

Suchen Sie anhand der Karten auf den Seiten 52/53 je nach Mondalter, das Sie auf einem Kalender mit eingezeichneten Mondphasen abzählen können, die gerade gut zu beobachtenden Strukturen.

Am fünften Tag geht die Sonne auf im Mare Serenitatis, im Mare Tranquillitatis sowie in den Kratern Piccolomini und Fabricius. Wunderbar anzusehen ist das Kratertrio Theophilus, Cyrillus und Catharina, an das sich die Altai-Verwerfung anschließt.

Ab dem Ersten Viertel erscheinen am Rande des Mare Serenitatis das Haemus-Gebirge und der Kaukasus, weiterhin die Hyginus- und Triesnecker-Rillen sowie die Wallebene Hipparchus. Zudem sieht man die Krater Autolycus und Cassini sowie das Alpental, das wie ein Kratzer auf dem Mond erscheint.

Ab dem achten Tag sind die schönsten Gebiete: die Krater Maginus und Purbach sowie die Lange Wand, eine 120 Kilometer lange, schwertförmige Verwerfung. Beachten Sie auch die Kratergruppe Arzachel, Alphonsus und Ptolemaeus sowie die Gebirgskette der Apenninen, das Mare Imbrium, Archimedes und Aristillus; nicht zu vergessen der rätselhafte Krater Plato.

Am zehnten Tag erscheinen: Clavius (so groß wie die Schweiz!), Tycho, Eratosthenes und

### DIE ILLUSION VOM GROSSEN MOND

Ist Ihnen schon einmal aufgefallen, dass der Mond riesig groß erscheint, wenn er sich in der Nähe des Horizontes befindet? Dieses rätselhafte Phänomen versuchten schon viele große Geister zu verstehen. Aristoteles z.B. dachte, dass es sich um atmosphärische Dämpfe handele, die eine Verzerrung von Gestirnen am Horizont bewirken. Erst um 1000 n.Chr. gab ein arabischer Physiker, Ibn Alhazen, eine einleuchtende Erklärung: Er war der Ansicht, dass wenn man ein Objekt vor dem Hintergrund bekannter „Maßstäbe" (Häuser, Bäume) sieht, dies dem Gehirn einen Größenvergleich ermöglicht, den es nicht hat, wenn das Objekt hoch am Himmel steht.
Beweis: Halten Sie bei Aufgang des Vollmondes ein gelochtes Blatt mit ausgestrecktem Arm so vor sich, als ob Sie das Gestirn durch eines der Löcher beobachten wollten. Wiederholen Sie das Experiment, wenn der Mond im Zenit steht. Er ist nicht kleiner geworden. Erstaunlich, nicht wahr?

50 • Das Sonnensystem über den Dächern der Stadt •

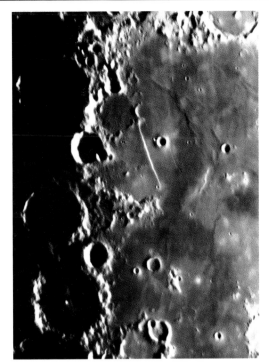

*Eine der bemerkenswertesten „Unebenheiten" auf dem Mond ist die Lange Wand: eine Verwerfung von 300 Metern Höhe und 120 Kilometern Länge.*

*Archimedes, Autolycus und Aristillus am „oberen" Ende der Apenninen. Im Süden (oben) sieht man das Alpental.*

Timocharis, außerdem Longomontanus, die Karpaten, die Regenbogenbucht, das Cap Heraclides und Copernicus, einer der schönsten Mondkrater mit Zentralberg.

Ab dem zwölften Tag rücken die Krater Aristarchus und Kepler mit ihren Strahlensystemen ins Sonnenlicht sowie das Dörfel- und Leibnitz-Gebirge am Südpol.

Am vierzehnten Tag ist Vollmond, wunderbar anzusehen mit bloßem Auge, aber der schlechteste Termin für eine Beobachtung mit dem Teleskop! Das senkrecht einfallende Sonnenlicht lässt Höhenunterschiede unsichtbar werden und macht die Beobachtung schwierig: Übrig bleiben nur blendende Flecken. Mit einem blaugrauen Filter kann man nun aber immerhin die sehr hellen Strahlensysteme von Tycho, Copernicus, Aristarchus und Kepler gut erkennen.

Nach Vollmond können Sie wiederum die gleichen Strukturen beobachten, nun von der anderen Seite beleuchtet bei untergehender Sonne und abnehmendem Mond.

## Was sieht man mit welchem Instrument?

● **Mit dem bloßen Auge**
Hauptsächlich dunkle „Meere", helle Hochländer, einige helle Punkte im Inneren der Meere. Schöne Schauspiele sind auch Begegnungen mit den Planeten: Venus, Mars, Jupiter und Saturn stehen oft in der Nähe unseres Nachbarn.

● **Mit dem Fernglas**
Die auffälligsten Strukturen können Sie jetzt schon besser beobachten als Galilei mit seinem

1 Mare Frigoris
2 Regenbogenbucht
3 Mare Imbrium
4 Karpaten
5 Aristarchus
6 Eratosthenes
7 Oceanus Procellarum
8 Kepler
9 Copernicus
10 Reinhold
11 Landsberg
12 Grimaldi
13 Mare Cognitum
14 Gassendi
15 Mare Humorum
16 Bullialdus
17 Mare Nubium
18 Lange Wand
19 Pitatus
20 Wurzelbauer
21 Hainzel
22 Schickard
23 Tycho
24 Maginus
25 Clavius
26 Longomontanus

*Diese beiden Übersichtsansichten zeigen den Mond so orientiert, wie er in einem Fernglas erscheint.*

30-mm-Fernrohr: Meere, Hochländer und große Ringwälle. Versäumen Sie nicht das aschgraue Licht (dritter bis fünfter Tag) und enge Begegnungen mit Planeten. Das Fernglas ist auch das Instrument der Wahl für die Beobachtung einer Mondfinsternis.

### ● Mit einem kleinen 60-mm-Fernrohr

Mit einem solchen Instrument sind die kleinsten sichtbaren Strukturen etwa 4 Kilometer groß; Sie erkennen das Alpental, die Hyginus- und Aristarchus-Rillen, die wellenförmigen Erhebungen auf dem Boden der Meere. Tausende von Kratern werden sichtbar. Mit 100-facher Vergrößerung „überfliegen" Sie unseren Trabanten, als ob Sie in einem Raumschiff in 3800 Kilometer Höhe über dem Mond säßen!

### ● Mit einem 120–150-mm-Teleskop

Ihre Beobachtungsmöglichkeiten werden jetzt immens. Details in Wallebenen und Kratern tauchen auf, feine Rillen werden sichtbar, die Kratergrubenketten um Copernicus vermehren sich. Die (theoretische) Auflösung beträgt jetzt weniger als eine Bogensekunde, damit erreichen Sie Details von rund 1,5 Kilometer Durchmesser.

1 Mare Frigoris
2 Aristoteles
3 Alpen
4 Plato
5 Kaukasus
6 Archimedes
7 Mare Serenitatis
8 Apenninen
9 Mare Vaporum
10 Mare Crisium
11 Mare Tranquillitatis
12 Apollo 11
13 Albategnius
14 Mare Fecunditatis
15 Ptolemaeus
16 Alphonsus
17 Arzachel
18 Theophilus
19 Cyrillus
20 Catharina
21 Mare Nectaris
22 Purbach
23 Regiomontanus
24 Tycho
25 Clavius
26 Mare Australe

*Achtung: Ein Fernrohr oder Teleskop mit Zenitspiegel vertauscht rechts und links.*

### Finsternisse – unwirkliche Schauspiele

Mondfinsternisse lassen sich von der Stadt aus perfekt beobachten und sind dabei völlig ungefährlich. Sie treten bei Vollmond auf, wenn Sonne, Erde und unser Trabant genau in einer Linie stehen. Der Schatten unseres Planeten fällt dabei auf den Mond, der nun in einem dunklen, roten Dämmerungslicht erscheint. Die kupferrote Farbe kommt durch die Brechung und Streuung des Sonnenlichtes in unserer Erdatmosphäre zustande; wodurch (hauptsächlich rotes) Licht auf die Mondoberfläche gelangt. Aber warum gibt es nicht bei jedem Vollmond eine Mondfinsternis? Ganz einfach, weil die Mondbahn um etwa 5° zur Erdbahn geneigt ist und unser Trabant daher normalerweise ober- oder unterhalb des Erdschattenkegels vorbeizieht!

• Kennen Sie eigentlich den Mond? • 53

# Die Sonne – mit Vorsicht zu genießen!

*Die Sonne ist der einzige Stern, den man auch tagsüber beobachten kann. Sie ist unser Stern, ihr verdanken wir Licht, Wärme, Wohlbefinden – und unser Leben! Ihre Beobachtung ist faszinierend, erfordert aber auch strenge Sicherheitsvorkehrungen.*

## Ein Stern wie viele andere

Unsere Sonne ist ein recht durchschnittlicher Stern, sie ist nicht besonders groß oder klein und von mittlerer Temperatur, wie viele Milliarden andere Sterne in unserer Galaxie auch. Ihr ist es zu verdanken, dass sich Leben auf unserem Planeten entwickeln konnte; in einigen Milliarden Jahren wird sie aber auch für seinen Tod verantwortlich sein: Wenn die Sonne ihren Energievorrat verbraucht hat, wird sie sich langsam ausdehnen, nach und nach die inneren Planeten verbrennen und ihr Leben als so genannter Roter Riese aushauchen.

Genauer betrachtet besteht die Sonne aus einer enormen Menge von sehr heißem Gas in ständiger Aktivität. Ihr momentaner Durchmesser entspricht der vierfachen Distanz Erde–Mond. In unserer Galaxie gibt es aber noch tausendfach größere Sterne als sie!

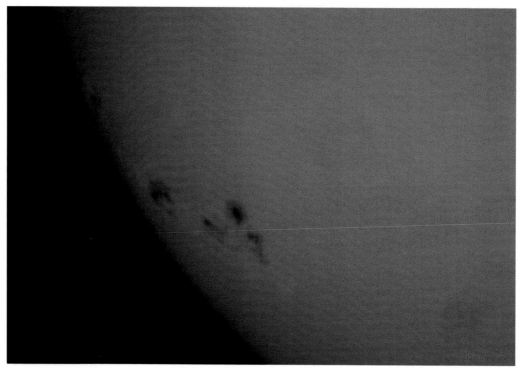

*Eine große gelbe Kugel mit einigen Flecken und Fackeln hier und da – das ist der Anblick der Sonne in einem kleinen Instrument.*

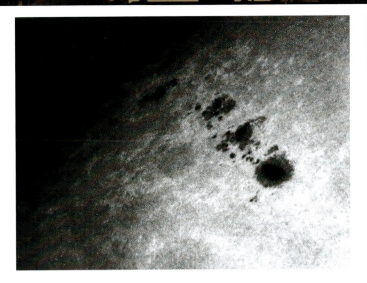

> **VORSICHT, SEHR GEFÄHRLICH!**
>
> Blicken Sie niemals direkt in die Sonne, weder mit bloßem Auge, noch mit einem Fernglas oder einem astronomischen Instrument, bei dem nicht die gesamte Öffnung mit einem Spezialfilter versehen ist: Sie würden sofort erblinden!

*Die Flecken sind kühler als die restliche Photosphäre. Hier herrschen enorme magnetische „Stürme".*

Die wichtigste „Tätigkeit" der Sonne besteht in der Verschmelzung von Wasserstoff zu Helium. Dieser Prozess erzeugt eine enorme Menge an Energie: in Form von – sichtbarem – Licht, aber auch sehr viel schädlicherer Strahlung von UV- bis kurzwelliger Röntgenstrahlung und am anderen Ende des elektromagnetischen Spektrums Infrarot- (Wärme-)strahlung und Radiowellen. Glücklicherweise filtert unsere Erdatmosphäre den größten Teil der gefährlichen Strahlen heraus. Bei dieser Kernfusion verbrennt die Sonne in jeder Sekunde 600 Millionen Tonnen Wasserstoff zu Helium, wobei sie jeweils vier Millionen Tonnen ihrer Masse in Energie verwandelt. In drei Milliarden Jahren hat sie so trotzdem erst ein Fünftausendstel ihrer Masse verloren!

## Was kann man auf der Sonne sehen?

Eine Sonnenbeobachtung lässt sich schon mit den meisten kleinen Instrumenten durchführen, daher ist unser Tagesgestirn ein beliebtes Beobachtungsobjekt auch für moderat ausgestattete Beobachter in der Stadt.
Der sichtbare Sonnenteil heißt Photosphäre; diese etwa 300 Kilometer dicke Schicht ist sehr hell und strahlt vor allem sichtbares Licht aus. In einem kleinen Instrument erscheint die Photosphäre als gelbe Scheibe mit etwas dunklerem Rand, wodurch sehr plastisch der Eindruck eines kugelförmigen Sterns entsteht.
Die Photosphäre ist der Schauplatz starker Aktivität, die sich durch das Auftreten von eindrucksvollen Flecken und Fackeln auf ihrer Oberfläche manifestiert. Die Flecken sind „Unwettergebiete", in denen extrem starke Magnetfelder herrschen. Sie erscheinen in der Zone zwischen 40° und 50° nördlicher und südlicher Breite und bewegen sich allmählich in die Gegend um den Äquator.
Bei starker Vergrößerung zeigt ein Fleck einen dunklen Kern (die Umbra), umgeben von einer unregelmäßig gräulichen Zone mit Filamenten (die Penumbra). Die Flecken erscheinen oft als kleine Gruppen, bestehend aus zwei bis fünf Einzelflecken, die von einem Tag auf den anderen ihr Aussehen und ihre Größe verändern können, um nach einigen Wochen wieder vollständig zu verschwinden. Die Flecken sind kühler (zwischen 4000 und 4500 °C) als die restliche Photosphäre, die eine Temperatur von etwa 6000 °C hat.
Obwohl sie so dunkel erscheinen, sind die Sonnenflecken aber deutlich heller als zum Beispiel

• Die Sonne – mit Vorsicht zu genießen! • **55**

der gleißend helle Schein eines Schweißgerätes! Einzig und allein der Kontrast zur Umgebung bewirkt, dass wir sie als so dunkel wahrnehmen. Neben den Flecken kann man auch die so genannten Fackeln beobachten, sehr helle Gebiete, die vor allem am dunkleren Scheibenrand gut sichtbar sind. Die Fackeln sind eng verknüpft mit den Flecken, die sich im Zentrum von Fackelgebieten bilden. Leistungsfähige Instrumente zeigen auch die Konvektion (das Auf- und Absteigen) des Gases an der Sonnenoberfläche. Es sind körnige Zellen in ständiger Bewegung, die wie Reiskörner wirken. Bei starker Vergrößerung verwandeln sich die Reiskörner in ein beeindruckendes Brodeln; jedes der Körner ist in etwa so groß wie Deutschland.

## Finsternisse: grandiose Spektakel

Die weiter außen liegende Atmosphärenschicht der Sonne, die Chromosphäre, ist nur bei einer totalen Sonnenfinsternis sichtbar, wenn der Mond genau vor der Sonnenscheibe herzieht und dabei kurzzeitig die Photosphäre abdeckt. Die Chromosphäre ist weniger dicht und nicht so hell wie die Photosphäre, daher ist sie normalerweise nicht zu sehen. In diesem rosafarbenen Ring nehmen immense Gasbögen und -wolken ihren Ursprung, die Protuberanzen. Darüber befindet sich die Korona, ein großartiger Strahlenkranz, in dem die Temperatur 1 000 000 °C und mehr erreicht. Wenn Sie nicht gerade die Gelegenheit haben, einer Sonnenfinsternis beizuwohnen, ist dieser schöne Anblick leider nur mit Spezialinstrumenten zu erhaschen, die außerhalb der Reichweite für Amateure sind.

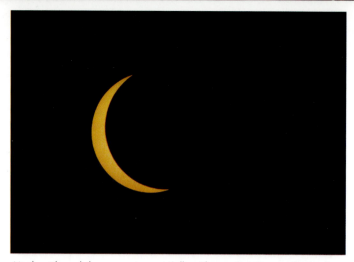

*Noch während der gesamten partiellen Phase einer Sonnenfinsternis ist die Photosphäre so hell, dass sie alle anderen Sonnenschichten überstrahlt.*

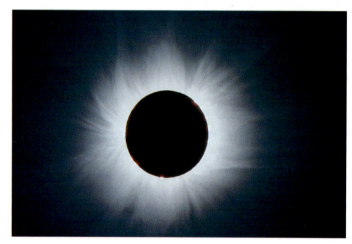

*Während der Totalität, wenn der Mond genau vor der Sonne steht, kann man die äußere Sonnenatmosphäre (Korona) sehen, die normalerweise von der Photosphäre überstrahlt wird.*

## Steckbrief der Sonne

**Alter:** 4,6 Milliarden Jahre
**Vor. Lebenserwartung:** noch etwa 5 Milliarden Jahre
**Durchmesser:** 1 392 530 km (109 Erddurchmesser oder die vierfache Distanz Erde–Mond)
**Volumen:** 1 300 000-mal das der Erde
**Masse:** 2 x 10$^{27}$ Tonnen; die 332 700fache Masse der Erde (99,9 % der Masse des gesamten Sonnensystems)
**Oberfläche:** 11 920-mal die der Erde
**Leuchtkraft:** 600 000-mal die des Vollmondes
**Rotationsdauer:** 25,4 Tage (am Äquator)
**Mittlere Dichte:** 1,41 x Wasserdichte
**Dichte im Zentrum:** 134 g/cm$^3$

**Zusammensetzung:** 75 % Wasserstoff, 23 % Helium, Spuren von Kohlenstoff, Stickstoff, Sauerstoff, Schwefel, Kalzium, Silizium, Eisen
**Oberflächentemperatur:** 5700 K (0 K = –273 °C)
**Schwerebeschleunigung an der Oberfläche:** 30fache Erdbeschleunigung
**Temperatur im Zentrum:** 15 000 000 K
**Druck im Zentrum:** 400 Milliarden bar
**Mittl. Entfernung von der Erde:** 149 597 870 km; das Licht benötigt für diese Strecke 8 Minuten und 18 Sekunden. Man nennt diese Strecke eine Astronomische Einheit (AE).
**Kleinste/Größte Entf.:** 147 100 000/152 100 000 km

## Der Sonnenzyklus

Manchmal zeigt sich unsere Sonne für mehrere Wochen nahezu fleckenlos, zu anderen Zeiten wiederum zeigt sie besonders viele Flecken. Die Anzahl der Flecken und Fleckengruppen (und andere Phänomene wie die Intensität der Radiostrahlung) zeigen den Rhythmus der Sonnenaktivität an. Diese variiert in einem Zyklus von elf Jahren, wie der Astronom Samuel H. Schwabe bereits 1843 nachweisen konnte, nachdem er die Sonne über 50 Jahre lang beobachtet hatte. Die letzten Aktivitätsmaxima wurden 1989 und im Juli 2000 erreicht. Der zyklische Mechanismus dahinter ist allerdings nach wie vor ein wissenschaftliches Rätsel.

Schon oft wurde ein gewisses zeitliches Zusammentreffen der Aktivitätsmaxima mit Kriegen (1870, 1917, 1938) festgestellt, außerdem mit einer erhöhten Rate von Selbstmorden, Herzinfarkten und nervösen Depressionen! Ob diese Zusammenhänge tatsächlich real sind, ist fraglich. Sicher ist vor allem ein Anstieg der Aussendung von Radiokurzwellen, es zeigen sich Abweichungen von Kompassen und Polarlichter, die zum Teil sogar auch in Deutschland zu sehen sind – sehr zur Freude der Hobby-Astronomen.

## Wie man die Sonne sicher beobachtet

Es ist nicht schwierig, die Sonne zu beobachten, es sind aber strikte Sicherheitsvorkehrungen notwendig! **Niemals darf man ohne einen speziellen Sonnenfilter in die Sonne schauen!** Die folgenden beiden Beobachtungsmethoden sind absolut sicher:

### ● Die Projektionsmethode

Diese Methode ist sehr preisgünstig, da man außer einem weißen Karton kein weiteres Zubehör benötigt. Man richtet das Instrument mit einem einfachen (nicht verkitteten) Okular auf die Sonne und fängt das Sonnenbild auf dem weißen Karton auf, den man in einigem Abstand hinter dem Okular angebracht hat. **Sehen Sie auf keinen Fall durch den Sucher des Instrumentes!** Decken Sie diesen vielmehr mit seiner Kappe ab.

Um die Sonne genau einzustellen, beobachtet man den Schatten des Instruments auf dem Karton (oder dem Fußboden) und versucht, ihn möglichst klein zu bekommen. In seiner Mitte erscheint dann das Sonnenbild als helle Scheibe. Im Handel sind auch kleine Auffangschirme zur Projektion des Sonnenbildes erhält-

• Die Sonne – mit Vorsicht zu genießen! • 57

Den Verlauf einer Finsternis kann man festhalten, indem man alle sechs Minuten eine Aufnahme mit derselben Kameraausrichtung macht. Dazu braucht man einen Fotoapparat, der Mehrfachbelichtungen erlaubt.

pen, bei Schmidt-Cassegrain-Teleskopen sind Objektiv-Sonnenfilter die bessere Wahl.

### ● Die Objektivfilter-Methode

Zum Lieferumfang kleinerer Instrumente gehören oft auch Sonnenfilter zum Aufschrauben auf das Okular. Da solche Filter in der Nähe des Teleskop-Brennpunktes platziert sind, heizen sie sich unter der Hitze stark auf und können zerplatzen – das intensive Sonnenlicht gelangt dann plötzlich brutal ins Auge und schädigt es für immer! Daher empfehlen wir, **solche Filter nicht zu benutzen**. Viel wirksamer und absolut ungefährlich hingegen sind Objektiv-Sonnenfilter, die man vor dem Instrument anbringt. Sie bestehen aus metallbedampften, planparallelen Glasplatten und lassen nur ein 1/100 000 des Lichtes passieren (Dichte 5). Nur solche Filter sind **absolut sicher**.

lich, die man direkt an das Teleskop montiert. Ein großer Vorteil dieser Projektionsmethode ist, dass mehrere Personen gleichzeitig beobachten können. Sie eignet sich vor allem für Besitzer von Linsenfernrohren und Newton-Teleskopen.

Ein anderer Filtertyp hat die Dichte 4, er lässt ein 1/10 000 des Lichtes hindurch und eignet sich zum Fotografieren: Zur Beobachtung darf man ihn keinesfalls direkt benutzen, höchstens

Die Projektionsmethode ist preisgünstig und erlaubt, dass mehrere Personen gleichzeitig die Sonne beobachten.

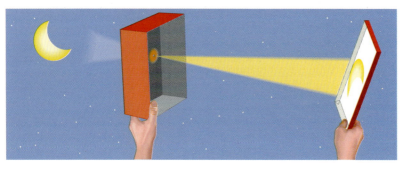

Eine einfache Beobachtungsmethode besteht darin, mit einer Stecknadel ein winziges Loch in einen Schuhkarton zu stechen und das Sonnenbild im Deckel zu beobachten. Einen solchen Aufbau nennt man Lochkamera.

mit einem Vorfilter vor dem Okular, um zum Beispiel den Bildausschnitt festzulegen. Man erhält diese Filter mit verschiedenen Durchmessern für sämtliche auf dem Markt befindlichen Instrumente im Teleskophandel. Die Preise variieren je nach Durchmesser zwischen 50 und 300 € (z. B. für ein Meade ETX 90 etwa 75 €).

Es gibt auch metallbedampfte Kunststoff-Folienfilter, die speziell für die Sonnenbeobachtung konzipiert sind. Zur Beobachtung spannt man sie über die Öffnung des Instruments. Folienfilter sind optisch mitunter nicht ganz so hervorragend wie Glasfilter, jedoch erheblich billiger. Für die gelegentliche Sonnenbeobachtung sind sie sehr zu empfehlen, insbesondere die AstroSolar-Filter der Firma Baader Planetarium (DIN A4-Bogen für 20 €). Keinesfalls sollten Sie sich selber „Filter" aus Alu- oder so genannter Rettungsfolie basteln. Diese Materialien lassen einen Großteil der gefährlichen UV- und Infrarotstrahlung passieren und sind – nebenbei bemerkt – optisch sehr mittelmäßig. Um das Teleskop auszurichten (ohne in den Sucher zu blicken!), gehen Sie wie bei der Projektionsmethode vor.

*Ein Objektiv-Sonnenfilter ist die beste Lösung, wenn man Sicherheit und gute Bildqualität unter einen Hut bringen möchte. Das Bild zeigt ein Meade ETX 90 mit einem Glas-Sonnenfilter der Marke Thousand Oaks.*

## Was sieht man mit welchem Instrument?

### ● Mit dem bloßen Auge

Die Sonnenbeobachtung mit dem bloßen Auge (mit Sonnenfinsternisbrille!) ist nicht besonders interessant, außer natürlich bei einer Sonnenfinsternis, bei der man die verschiedenen Phasen verfolgen kann.

### ● Mit dem Fernglas

Verwenden Sie Objektiv-Sonnenfilter aus Glas oder metallbedampftem Kunststoff (basteln Sie keinesfalls einen Filter mit einer Sonnenbrille)! Die sehr großen Flecken sieht man als Punkte. Man kann die Sonne auch auf einen Schirm projizieren, das Bild zeigt jedoch nur wenig interessante Details.

### ● Mit dem Fernrohr

Ausgerüstet mit einem Objektiv-Sonnenfilter oder über die Projektionsmethode können Sie die tagtägliche Aktivität der Sonne verfolgen und die Veränderung feiner Details in den Fleckengruppen oder Fackeln studieren. Leistungsfähige Teleskope lassen auch die Granulation erahnen.

Wenn Ihnen die Sonnenbeobachtung Spaß macht, schauen Sie sich auch mal auf den folgenden Web-Sites um:
http://www.sonnenbeobachtung.de
http://home.t-online.de/home/Dr.Strickling/sonneanf.htm

• Die Sonne – mit Vorsicht zu genießen! • 59

# Die Planeten, kleine Geschwister der Sonne

*B*ei ihrer Entstehung war die Sonne von einer riesigen Scheibe aus Gas, Staub und Gestein umgeben, aus dem sich unser Planetensystem gebildet hat. Sämtliche Stoffe, Dinge und Substanzen, die wir heute kennen, entstammen diesem Staub. Die Planeten sind kleine – nicht selbst leuchtende – Geschwister der Sonne.

## Unser Sonnensystem

Alle Planeten bewegen sich nahezu in derselben Ebene um die Sonne. Von der Erde aus betrachtet, scheinen sich unsere Nachbarn in schmalen Streifen in der Nähe der Ekliptik zu bewegen, die sich alle entlang eines runden Bandes am Himmel erstrecken: dem Tierkreis. Deswegen sind die Planeten auch immer in den Tierkreissternbildern zu finden. Alle Planeten beschreiben Ellipsen (keine Kreise) um die Sonne und laufen entgegen dem Uhrzeigersinn, diese Bewegung nennt man auch „prograd".

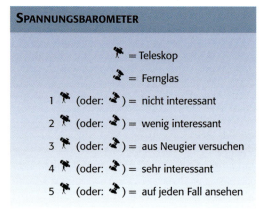

Diese Darstellung des Sonnensystems zeigt unten die Planeten in ihren wahren Größenverhältnissen, die gegenseitigen Abstände sind oben dargestellt. Alle Planeten zusammen genommen bringen nicht einmal 1 % der Sonnenmasse auf die Waage.

60 • Das Sonnensystem über den Dächern der Stadt •

Die Planeten sind sehr hell, und im Unterschied zu den Sternen funkeln sie nicht, da sie als kleine Scheibchen erscheinen. Wenn man sie über mehrere Wochen beobachtet, kann man feststellen, dass sie langsam vor den Sternen entlangziehen. Diese Bewegung hat schon die Aufmerksamkeit der Astronomen der Antike auf sich gezogen, die ihnen den Namen Planeten (gr., „Wandelsterne") gaben.

Während seines Umlaufs wandert der Mond oftmals (scheinbar) nahe an einem oder mehreren Planeten vorbei. Diese nächtlichen Begegnungen sind immer sehr reizvoll anzusehen; Zeit- und Positionsangaben dazu findet man in astronomischen Jahrbüchern (z.B. im *Kosmos Himmelsjahr*, s. Lesetipps auf S. 106).

## Eine geführte Tour

Von der Sonne aus findet man: Merkur, Venus, Erde, Mars, Jupiter, Saturn, Uranus, Neptun und Pluto. Zwischen Mars und Jupiter befindet sich ein Ring aus Miniplaneten – Asteroiden oder Planetoiden –, der größte unter ihnen ist Ceres, nur rund 1000 Kilometer groß. Planetoiden zu beobachten, ist eher mäßig interessant, da sie im Teleskop wie Sterne aussehen.

Die neun Geschwister der Sonne teilen sich in zwei Gruppen mit sehr unterschiedlicher physikalischer Natur: Da sind zum einen die terrestrischen Planeten (Merkur, Venus, Erde, Mars), ähnlich unserer Erde, klein, dicht und aus Gestein bestehend. Weiter außen befinden sich die Riesenplaneten: Wie Jupiter sind sie sehr viel größer, weniger dicht und bestehen vor allem aus Gas. Im eigentlichen Sinn besitzen sie daher auch keine Oberfläche. Zu dieser Gruppe zählen Jupiter, Saturn, Uranus und Neptun. Pluto hingegen scheint wieder zu den terrestrischen Planeten zu zählen.

### Merkur

Merkur und Venus zählen zu den inneren (oder unteren) Planeten, da ihre Bahn um die Sonne enger ist als die der Erde. Man sieht sie niemals

*Hoch am abendlichen Dämmerungshimmel strahlt hell der „Abendstern", unser Nachbarplanet Venus. Selbst in der Stadt ist die Venus gut zu sehen, auch wenn es noch nicht ganz dunkel ist.*

die ganze Nacht hindurch, sondern nur zu bestimmten Zeiten in der Abenddämmerung oder früh morgens kurz vor Sonnenaufgang. Merkur ist wegen seiner Nähe zur Sonne sehr schwierig zu beobachten. Während seiner maximalen Elongation (dem größten Winkelabstand von der Sonne) können Sie versuchen, ihn mit dem Fernglas aufzuspüren. Im besten Fall geht er 2 h 15 min vor der Sonne auf (bzw. nach ihr unter). Für einige Tage erscheint er dann als goldgelber Stern, am östlichen Horizont in der Morgenröte oder nahe dem Westhorizont in der Dämmerung. In beiden Fällen kann man den Planeten etwa zwei Wochen lang beobachten, bevor er wieder in den Strahlen der Sonne ver-

> **Was ist ein Transit?**
>
> Etwa alle 6 Jahre zieht Merkur vor der Sonne her. Einen solchen „Transit" oder „Durchgang" kann man mit denselben Sicherheitsvorkehrungen beobachten wie die Sonne selber. Die nächsten Passagen finden statt am 7. Mai 2003 und am 8. November 2006 (Letztere ist bei uns jedoch nicht sichtbar).

schwindet. Die Umrundung unseres Tagesgestirns vollzieht Merkur in der Tat sehr schnell: in nur 88 Tagen. Merkur ist mit 4880 km im Durchmesser kaum größer als der Mond und lässt im Teleskop keine Krater erkennen. Auch mit hoher Vergrößerung erkennt man nichts als eine winzige goldgelbe Sichel ohne Details.

### Venus

Die Venus ist der Schwesterplanet unserer Erde, mehr noch wegen ihrer Größe als aufgrund ihrer Oberflächenstruktur. Und hier enden aber auch schon alle Ähnlichkeiten, denn Venus ist in eine dicke, helle Atmosphäre aus Kohlendioxid mit Schwefelsäurewolken gehüllt, die uns den Blick auf ihre Oberfläche verwehrt.

Venus zeigt sich oft als gleißend helle weiße Sichel. Auch in größeren Fernrohren erkennt man keine weiteren Strukturen. Diese Aufnahme entstand mit einem 60-mm-Refraktor mit 840 mm Brennweite.

Wie Merkur erscheint Venus mal abends im Westen (dann ist sie der erste sichtbare „Stern" nach Sonnenuntergang), mal am Ende der Nacht im Osten. Sie ist so hell, dass man sie sofort eindeutig erkennt; sie wird auch Abendoder Morgenstern genannt. Venus kann jedes Jahr über mehrere Monate gut beobachtet werden. Wenn Sie über eine parallaktische Montierung verfügen, richten Sie diese einmal kurz vor Sonnenaufgang auf die am Morgenhimmel sichtbare Venus aus: So können Sie den Planeten auch am helllichten Tag verfolgen!
Mit dem bloßen Auge ist die Venus großartig anzusehen, im Fernglas und Teleskop wirkt sie oft jedoch enttäuschend: Ihre Wolkenhülle macht sie gleißend hell und gibt kein Detail preis. Einzig ihre Phasengestalten (wie die des Mondes) lassen sich gemäß ihrer Stellung zur Sonne verfolgen. Kurz vor ihrer unteren Konjunktion zeigt sich Venus als zarte Sichel mit schmalen Hörnern. Zu dieser Zeit erscheint sie in einem kleinen Instrument bei 40facher Vergrößerung genauso groß wie der Mond mit bloßem Auge.

### Mars

Die kleine marsianische Wüstenwelt war in den vergangenen zwei Jahrhunderten Gegenstand heftigster Kontroversen. Mehre Astronomen widmeten der Erforschung dieses Planeten ihr ganzes Leben. Ein reicher Amerikaner, Percival Lowell, errichtete im 19. Jahrhundert sogar ein Observatorium mit dem alleinigen Ziel, die berühmten, von dem italienischen Astronomen Schiaparelli entdeckten Kanäle zu erforschen. Diese Kanäle, die übrigens nicht existieren, waren der Ursprung der Legende von den Marsmenschen.
Erwarten Sie bei der Beobachtung keine Canyons, Vulkane oder ausgetrockneten Flussläufe – nur Raumsonden konnten sie fotografieren. Unser kleiner Nachbar ist eine öde Wüstenwelt mit einer sehr dünnen Atmosphäre. Das Wasser, das den Boden mit geprägt hat, rinnt heute nicht mehr über seine Oberfläche, da der

### Trick 17 zur Marsbeobachtung

Verwenden Sie ein Rotfilter, damit treten die Details deutlicher hervor. Fokussieren Sie das Teleskop vorher an einem benachbarten Stern, da Mars im Okular immer ein wenig unscharf erscheint.

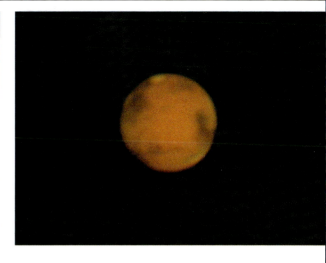

*Suchen Sie auf Mars nicht die berühmten Kanäle... Sie werden außer ein paar unscharfen Strukturen nichts finden. Der Planet erfordert ein sehr leistungsfähiges Instrument wie dieses hier: Die Aufnahme entstand am 1-m-Teleskop auf dem Pic du Midi in den Pyrenäen.*

Atmosphärendruck (7 ‰ des irdischen) dazu zu gering ist. Die Erhebungen sind viel höher als bei uns, allen voran der Vulkan Olympus Mons mit 24 km Höhe und 600 km Durchmesser! In einem kleinen Instrument erscheint Mars wie ein orangefarbenes Konfetti-Schnitzelchen; seine Färbung entsteht durch Eisenoxid (Rost) in seinem staubigen Boden. Mit 150- bis 200-facher Vergrößerung kann man während einer günstigen Opposition, wenn also Mars sehr nahe an der Erde vorüberzieht, die Hauptstrukturen als dunkle Flecken wahrnehmen: Suchen Sie Syrtis Major, einen großen dreieckigen Fleck, und das Mare Acidalium, nicht weit vom Nordpol entfernt. Die Polkappen sehen Sie als kleine weiße Flecken (bestehend aus Kohlendioxid-Eis), deren Veränderung mit den Mars-Jahreszeiten sich gut verfolgen lässt.

Mars besitzt auch zwei Monde: Phobos und Deimos. Sie sind kleine, unregelmäßig geformte Körper, die in Amateur-Instrumenten nicht zu sehen sind.

### Jupiter

Der „Planet der Amateure" erscheint schon im kleinsten Fernrohr, das 40fach vergrößert, so groß wie der Vollmond (mit bloßem Auge). Sie werden daher keine Schwierigkeiten haben, ihn zu identifizieren: Nach Venus ist er der hellste „Stern" am Himmel – und Jupiter hat den Vorteil, dass er über mehrere Wochen die ganze Nacht hindurch zu sehen ist. Weit jenseits des Marsorbits kreist der Riesenplanet in rund 775 Millionen Kilometern Entfernung von uns. Er ist der größte Planet unseres Sonnensystems. Jupiter ist eine riesige Gaskugel mit 142 800 km Durchmesser, bestehend vor allem aus Wasserstoff und Helium sowie außerdem Ammoniak

*Der Riesenplanet Jupiter ist ein Lieblingsobjekt der Astrofotografen – und eine recht leichte Beute.*

• Die Planeten, kleine Geschwister der Sonne •

### DIE GALILEISCHEN MONDE

Jupiter besitzt 39 Monde, von denen nur vier Amateuren zugänglich sind. Sie wurden bereits von Galileo Galilei entdeckt: Io, Europa, Ganymed und Kallisto. Es vergeht fast keine Nacht, in der nicht eine Sonnenfinsternis auf dem Riesenplaneten stattfindet, der Durchgang eines Trabanten vor der Jupiterscheibe zu verfolgen ist oder die Bedeckung oder Verfinsterung eines Mondes durch den Planeten stattfindet.

und Methan. Sein Kern, in dem ein ungeheurer Druck herrscht, besteht aus „metallischem" Wasserstoff – und ist härter als Stahl! Wäre seine Masse größer gewesen, hätten thermonukleare Fusionsreaktionen einsetzen können und dazu geführt, dass Jupiter zu leuchten begonnen hätte wie ein Stern. Dann hätten wir zwei Sonnen am Himmel gehabt! Jupiter ist demnach ein verhinderter Stern – vielleicht ganz gut so.

Mit 100- bis 150facher Vergrößerung erkennen Sie eine an den Polen abgeplattete Scheibe mit abwechselnden hellen und dunklen Wolkenstreifen. Mit etwas Glück können Sie auch den berühmten „Großen Roten Fleck" wahrnehmen, dessen Farbigkeit von Jahr zu Jahr variiert. Jupiters Atmosphärenstruktur verändert sich fortwährend und die Wolkenbänder zeigen immer andere Details.

### Saturn 🔭 🔭 🔭 🔭 🛰 🛰 🛰

Der berühmte Ringplanet Saturn ist das schönste Objekt, das man im Sonnensystem beobachten kann. Den Planeten Saturn – live – in einem Fernrohr zu erblicken, ist absolut nicht zu vergleichen mit dem Betrachten eines Fotos in einem Buch. Es ist mehr als ein Anblick, es ist ein Erlebnis, eine Einladung zum Träumen, die kein Astronom jemals vergisst!

Obwohl Saturn kleiner ist als Jupiter, ist auch er ein Riesenplanet und Jupiter sehr ähnlich. Saturn ist rund 1,5 Milliarden Kilometer von uns entfernt. Seine Besonderheit ist sein spektakuläres Ringsystem, das schon im kleinsten Instrument zu erkennen ist. Es handelt sich tatsächlich um viele Ringe, die von felsigen Brocken und Eisklumpen gebildet werden, und die durch dunklere Zonen voneinander getrennt sind. Ein Fernrohr ab 80 mm zeigt die so genannte Cassini-Teilung, einen dunklen Bereich, der den Hauptring deutlich in zwei Teile teilt. Die Encke-Teilung sowie der Flor-Ring sind nur erreichbar mit 200 mm Öffnung und mehr.

Im Lauf der Zeit erscheinen die Ringe mal mehr, mal weniger geöffnet und zu gewissen Zeiten verschwinden sie scheinbar ganz. Dieser perspektivische Effekt ist damit verbunden, dass die Ringebene um 27° zur Bahnebene des Planeten geneigt ist. Während eines Umlaufs um die Sonne sieht man daher die Ringe mal von oben, mal von unten und mal von der Kante, je nach ihrer Neigung in Bezug auf unsere eigene Bahn.

### DIE SATURNMONDE

Saturn hat 30 bekannte Monde. Titan, der größte von ihnen, ist schon in einem kleinen Instrument zu sehen. Rhea, Japetus, Tethys und Dione hingegen zeigen sich erst in einem Instrument ab 100 mm Öffnung – bei dunkelster Nacht versteht sich.

*Saturn ist zweifellos eine der schönsten Überraschungen des Himmels, die kein Astronom jemals vergisst.*

  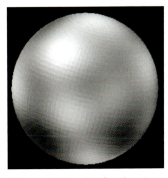

*Links: Uranus ist einer der vier Riesenplaneten; er besteht hauptsächlich aus Wasserstoff und Helium'sowie Spuren von Methan und Ammoniak. Mitte: Neptun wurde durch mathematische Berechnungen zu einer Zeit entdeckt, in der es weder Taschenrechner noch Computer gab. Dieses detailreiche Bild wurde von der Raumsonde Voyager 2 aufgenommen. Rechts: Pluto, er ist von der Stadt aus nicht zu sehen.*

## Uranus, Neptun und Pluto

Nun befinden wir uns in den Außenbezirken unseres Sonnensystems. Von hier aus erscheint die Sonne nur noch wie ein besonders heller Stern neben vielen anderen, und ihre Wärme dringt nicht mehr bis hierhin vor.
Uranus, Neptun und Pluto sind für Amateurastronomen nur Objekte zum „Abhaken", sie sind selbst mit leistungsfähigen Instrumenten nicht leicht zu finden und recht enttäuschend zu beobachten.

○ Uranus wurde 1781 von dem englischen Amateurastronomen William Herschel entdeckt. Zunächst glaubte Herschel, es mit einem Kometen zu tun zu haben, bevor die kleine, verwaschen-grünliche Uranusscheibe als siebter Planet unseres Sonnensystems identifiziert werden konnte. Auch Uranus besitzt einen (in Amateurteleskopen jedoch nicht sichtbaren) Ring. Er dreht sich retrograd (im Uhrzeigersinn) um sich selbst, seine Rotationsachse liegt fast in seiner Umlaufbahn. Selbst wenn Sie mit einem 200-mm-Instrument beobachten, ist auf Uranus nichts zu erkennen; Sie sehen eine winzige, grünliche Scheibe ohne jedes Detail.

○ Der Planet Neptun wurde 1846 von Johann G. Galle entdeckt, beruhend auf Vorhersagen des französischen Astronomen Urbain Leverrier. Dieser hatte die Existenz des achten Planeten postuliert und seine Position anhand von Bahnstörungen des Uranus berechnet. Nur ein Grad neben der berechneten Position wurde er tatsächlich gefunden. Der weit entfernte Neptun ist im Fernrohr noch schwieriger zu erkennen als Uranus. Er zeigt ein winziges Scheibchen, das niemals größer als 2″ und heller als $8^m$ wird. Ein bläulicher Punkt unter den Sternen... Kaum von Interesse.

○ Der bislang letzte Planet unseres Sonnensystems, Pluto, wurde im Jahr 1930 per Zufall auf Aufnahmen des Amerikaners Clyde W. Tombaugh entdeckt. Sein Durchmesser ist kleiner als der unseres Mondes. Der Sonne nähert sich Pluto nur bis auf vier Milliarden Kilometer und seine maximale Entfernung beträgt sogar bis zu sieben Milliarden Kilometer!
Dieser Planet erscheint selbst in einem sehr großen Teleskop mit 400 mm Öffnung (bei völlig klarem Himmel) nur wie ein Sternchen 14. Größe. Also: Vergessen Sie ihn!
Pluto hat auch einen Mond: Charon (entdeckt 1978). Er ist fast genauso groß wie Pluto selbst, daher betrachtet man heute das Paar Pluto-Charon als Doppelplanet – den einzigen in unserem Sonnensystem.

• Die Planeten, kleine Geschwister der Sonne •

# Kometen, Besucher am Nachthimmel

*Nach Jonathan Swift wurden Greise und Kometen aus den gleichen Gründen hoch verehrt: wegen ihrer langen Bärte und ihrer Fähigkeit, Ereignisse vorherzusagen. Die mysteriösen Vagabunden aus dem All jedoch haben jedes Mal alle schlimmen Befürchtungen wieder mitgenommen.*

## Unerwarteter Besuch

Seit jeher haben Kometen die Menschen in Angst und Schrecken versetzt. Warum? Scheinbar gehorchen sie keinen Regeln. Die anderen Himmelskörper wie Mond, Sonne, Planeten und Sterne laufen auf stabilen, aufeinander abgestimmten Bahnen – beruhigend. Kometen hingegen scheinen unberechenbar: Durch ihr plötzliches und unvorhergesehenes Auftauchen stören sie die „himmlische Ordnung". Die Astrologen hielten sie meist für Vorboten einer bevorstehenden Katastrophe: dem Tod einer berühmten Persönlichkeit oder einem Krieg. Manche Kometen erscheinen nur ein einziges Mal und verschwinden danach wieder in den Tiefen des Alls. Andere tauchen periodisch auf. Im Jahre 1705 konnte der englische Astronom Sir Edmond Halley erstmalig eine Wiederkehr vorhersagen. Er zeigte, dass die Kometen von 1456, 1531, 1607 und 1682 jeweils ein und dasselbe Objekt waren, und sagte sogar dessen Wiederkehr für das Jahr 1758 voraus. Tatsächlich erschien dieser Komet wie angegeben, was Halley selbst jedoch nicht mehr erlebte. Zuletzt tauchte der Halleysche Komet 1910 und 1986 am Himmel auf, die nächste Wiederkehr wird im Jahr 2062 sein.

## Was ist eigentlich ein Komet?

Stellen Sie sich eine Kugel aus schmutzigem Schnee vor, ein paar Kilometer im Durchmesser; ein Konglomerat aus Eis, Staubteilchen und Gesteinsbrocken: So sieht ein Komet aus. Gelangt er in die Nähe der Sonne, beginnt dieser gefrorene Klumpen „auszugasen" und entwickelt eine diffuse Hülle, die Koma. Später bilden sich zudem ein Gas- und ein Staubschweif aus, die zum Teil mehrere Millionen Kilometer lang werden können. Diese dünnen Schweife zieht der Komet nicht etwa hinter sich her, sondern sie weisen immer von der Sonne weg. Manche Kometen bieten bei der Annäherung an die Sonne einen wirklich außergewöhnlichen Anblick, und lassen verstehen, dass unsere Vorfahren Angst vor ihnen hatten. Im Teleskop erkennt man den Schweif und die Koma, aber das Instrument der Wahl, um einen Kometen zu beobachten, ist ohne Zweifel das Fernglas. Aufgrund des großen Gesichtsfeldes ist der Anblick eines Kometen darin besonders spektakulär. Wie die Planeten sind auch die Kometen Mitglieder unseres Sonnensystems. Sie umrunden die Sonne auf lang gestreckten Ellipsenbahnen oder aber auf parabolischen oder hyperbolischen Bahnen. In den letzteren Fällen statten sie uns nur eine kurze Visite ab und kehren niemals wieder. Ein periodischer Komet hingegen kann mitunter mehrere Tausend Jahre benötigen, bis er zurückkehrt.

## Woher kommen die Kometen?

Die Herkunft der Kometen ist nach wie vor geheimnisvoll. Man glaubt, dass sie zur gleichen Zeit entstanden sind wie unser Sonnensystem, also vor etwa 5 Milliarden Jahren. In großen Entfernungen (jenseits der Neptunbahn und noch weit darüber hinaus) befinden sich zwei

*Trotz der starken Lichtverschmutzung konnte der Fotograf hier den Kometen Hale-Bopp „einfangen", wie er anmutig über der Stadt schwebt.*

*Man muss kein großer Astrofotograf sein, um einen hellen Kometen auf Film zu bannen: Schon eine Minute Belichtungszeit mit einer auf einem Stativ befestigten Kamera reicht vollkommen aus.*

„Kometenreservoirs": der Kuiper-Gürtel und die Oortsche Wolke. Von Zeit zu Zeit wird ein Brocken durch eine gravitative Störung aus diesen Ansammlungen herauskatapultiert und „stürzt" in Richtung Sonne. Einige besonders ruhmeshungrige und gut ausgerüstete Amateur-Astronomen nehmen nun eine gnadenlose Jagd auf dieses irregeleitete Gestirn auf, in der Hoffnung, eines Tages in die Nachwelt einzugehen. Kometen tragen nämlich den Namen ihres Entdeckers: West, Encke, Bennett, Austin, Kouhoutec, Shoemaker/Levy, Hyakutake, Hale-Bopp – alle wurden sie durch findige Beobachter entdeckt.

## Meteore

Landläufig werden sie auch „Sternschnuppen" genannt und stehen in engem Zusammenhang mit den Schweifsternen. Mitunter durchquert nämlich unser Planet die Bahn eines alten Kometen und trifft dann mit voller Wucht auf die vom Kometenschweif zurückgelassene Staubwolke. Die Staubkörner (meist mit Größen zwischen einigen Mikro- und einigen Millimetern) dringen dann in unsere Atmosphäre ein, wo sie verglühen. Dort erzeugen sie eine mitunter sehr beeindruckende, charakteristische Leuchtspur (manchmal kann man sogar auch eine Explosion hören). Die Eindringgeschwindigkeit liegt zum Teil über 100 000 km/h. Die Situation ist ähnlich, als ob Sie bei Nacht mit dem Auto mit 100 km/h durch Schneegestöber fahren. Die auf die Windschutzscheibe prasselnden Flocken scheinen alle von einem einzigen Punkt in weiter Ferne vor Ihnen zu kommen. Und so verhält es sich auch bei einem Meteorschauer. Der „Ausstrahlungspunkt" in weiter Ferne heißt „Radiant". Die einzelnen Ströme sind nach dem Sternbild benannt, in dem ihr Radiant liegt (s. auch S. 94).

• Kometen, Besucher am Nachthimmel • **67**

# Der Himmel im Wandel der Jahreszeiten

# Der Frühlingshimmel

*Im Raumschiff Erde umrunden wir die Sonne, und Tag für Tag ändert sich die himmlische Landschaft um uns herum. Im Lauf der Monate erscheinen im Osten immer neue Sternbilder, während andere im Westen untergehen. Himmel und Erde wandeln sich ständig im Rhythmus der Jahreszeiten.*

## In den tiefen Himmel eintauchen

Die Sterne in der Stadt zu beobachten, ist wie ein Glücksspiel. Es ist durchaus nicht immer einfach und erfordert mitunter Geduld und Hartnäckigkeit. Wenn Sie in einer feuchten Region mit viel Nebel leben (zum Beispiel in Meeresnähe), haben Sie möglicherweise schon Schwierigkeiten, die hellsten Sterne zu erkennen. Leben Sie hingegen in einer höher gelegenen Stadt oder in der Ebene mit trockenerer und gut durchmischter Luft, haben Sie einen Vorteil. Im Frühling herrscht durch die nächtliche Kühle oft sogar auch in Städten eine gute Durchsicht, wenn die Luft einigermaßen trocken und nicht zu sehr durch Industrieabgase verschmutzt ist.

Wie dem auch sei – untersuchen Sie auf jeden Fall die Qualität Ihres Himmels und die Durchsicht am Horizont, bevor Sie mit der Beobachtung beginnen (vgl. S. 24ff). Am besten beobachten Sie in der zweiten Nachthälfte, also nach Mitternacht, dann ist die Luftverschmutzung geringer. Um Sie zu bestärken sei noch gesagt, dass ich dieses Hobby seit fast dreißig Jahren in einer Großstadt ausübe, und dass ich die meisten Objekte, die ich Ihnen vorstellen werde (Sternhaufen, Nebel, Doppelsterne), schon mitten in der Stadt mit Instrumenten nicht über 150 mm Öffnung beobachtet und zum Teil auch fotografiert habe.

Insbesondere wollen wir im Folgenden die Messier-Objekte betrachten. Die NGC-Objekte sind mit wenigen Ausnahmen nur leistungsfähigeren Instrumenten an besseren Beobachtungsplätzen zugänglich.

*Eine der unter Hobby-Astronomen bekanntesten Galaxien: M 51 in den Jagdhunden, aufgenommen von einem Amateur*

## Das Tor zum Himmel

Unser Ausgangspunkt am Frühlingshimmel ist der Große Wagen. Er thront nun genau über unseren Köpfen und erlaubt uns über gedankliche Verbindungslinien das Auffinden anderer interessanter Sternbilder. Er wird markiert durch sieben helle Sterne und gehört zum Sternbild Großer Bär.

Richten Sie Ihr Fernglas einmal auf Mizar ($\zeta$), den mittleren Deichselstern: Er ist ein schöner Doppelstern mit seinem Begleiter Alkor, und wenn Sie ihn im Teleskop betrachten, sehen Sie Mizar selbst nochmals als Doppelstern. Alkor bedeutet soviel wie „Prüfung" auf Arabisch. Angeblich soll es einen Sultan gegeben haben, der die Sehtauglichkeit seiner Soldaten mit Mizar und Alkor getestet hat.

Verlängern Sie den Bogen der Wagendeichsel, so treffen Sie auf Arktur im Rinderhirten, an den sich das wunderschöne Halbrund der Nördlichen Krone anschließt. Weiter unten finden Sie Spica in der Jungfrau, die „Kornähre". Blicken Sie in Richtung Süden, so können Sie kaum den Löwen verfehlen, dessen Kopf ein umgekehrtes Fragezeichen bildet. Ein wenig weiter im Westen treffen Sie auf ein in der Stadt fast unsichtbares Sternbild, den Krebs. Seine hellsten Sterne formen ein auf dem Kopf stehendes „Y", neben dem sich ein Kleinod dieser Himmelsregion befindet: der Sternhaufen der Krippe (Praesepe), auch Bienenstock genannt, den Sie im Fernglas ziemlich genau in der Mitte des Sternbildes finden.

### Wie Sie die runden Karten auf den folgenden Seiten benutzen

Die Karten lassen sich im gesamten deutschsprachigen Raum und sogar bis zum Mittelmeer verwenden. Die runde Begrenzung markiert ungefähr den Horizont, das Zentrum der Karte den Zenit (den Punkt genau über unseren Köpfen). Die vier auf dem Umkreis eingezeichneten Hauptrichtungen erlauben, die Karte gemäß der Blickrichtung zu orientieren. Halten Sie das Buch vor sich und drehen Sie die Karte so, dass Osten nach unten zeigt, wenn Sie z. B. gerade nach Osten schauen und entsprechend für die anderen Himmelsrichtungen. Mit ein bisschen Übung können Sie Ihr „Beobachtungsfenster" bestimmen, das durch benachbarte Hochhäuser und Gebäude festgelegt wird, die einen Teil des Himmels verdecken. In der Stadt werden Sie weniger Sterne sehen als auf den Karten, das ist normal. Aber wenn Sie das Buch mit in die Ferien nehmen, werden Sie sehr viel mehr Sterne entdecken. Wir haben die Anzahl der abgebildeten Sterne auf eine mittlere Zahl entsprechend einem leicht diesigen Himmel begrenzt. Die Zeichnung ohne Beschriftungen jeweils auf der rechten Seite vermittelt einen Eindruck vom tatsächlichen Himmel: Die Sterne sind naturgetreu wiedergegeben. Die runde Karte links enthält Beschriftungen, die es ermöglichen, die Sternbilder zu identifizieren.

Weiter im Südwesten läuft der Kleine Hund (mit seinem leuchtenden Hauptstern Prokyon) zu den Füßen der Zwillinge Kastor und Pollux. Die Sternbilder Jungfrau, Löwe, Krebs und Zwillinge sind Tierkreissternbilder entlang der Ekliptik. Dort werden Sie ab und zu einen sehr hellen „Stern" sehen, der nicht auf der Karte verzeichnet ist – einen Planeten natürlich!

### Die fünf goldenen Regeln für Sternbeobachter in der Stadt

1. Schützen Sie sich mit einem Schirm oder einer aufgespannten undurchsichtigen Decke gegen direktes Licht.
2. Lassen Sie Ihren Augen genügend Zeit, sich an die Dunkelheit zu gewöhnen (mindestens 15 Minuten).
3. Überwachen Sie den Zustand des Himmels und der Wolken und vermeiden Sie eine Beobachtung bei leichter Bewölkung (weniger störend ist sie bei der Beobachtung von Planeten).
4. Vermeiden Sie die Abende um Vollmond.
5. In der Stadt beobachten Sie am besten in der zweiten Nachthälfte (nach Mitternacht). Dann ist die Luftverschmutzung geringer und ein Großteil der Gebäude- und sonstigen Beleuchtung abgeschaltet, wodurch Sie auch schwächere Objekte sehen können.

• Der Frühlingshimmel •

Die Frühlingskarte ist zu den rechts angegebenen Zeiten verwendbar.
Die Zeiten sind in Mitteleuropäischer Zeit (MEZ) angegeben.
Bedenken Sie, dass Ende März die Uhr von Winterzeit auf Sommerzeit (MESZ = MEZ + 1) vorgestellt wird.

- 1. März: 1 Uhr
- 15. März: 0 Uhr
- 1. April: 23 Uhr (0 Uhr Sommerzeit)
- 15. April: 22 Uhr (23 Uhr Sommerzeit)
- 30. April: 21 Uhr (22 Uhr Sommerzeit)
- 15. Mai: 20 Uhr (21 Uhr Sommerzeit, und es ist noch hell)

72 • Der Himmel im Wandel der Jahreszeiten •

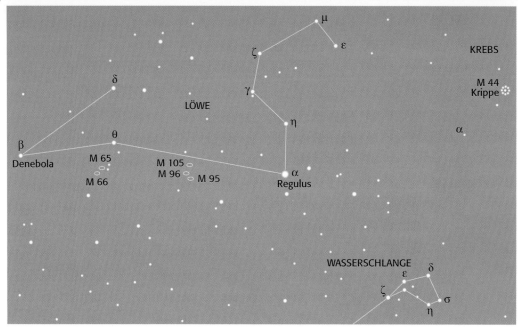

*Die Region um den Löwen*

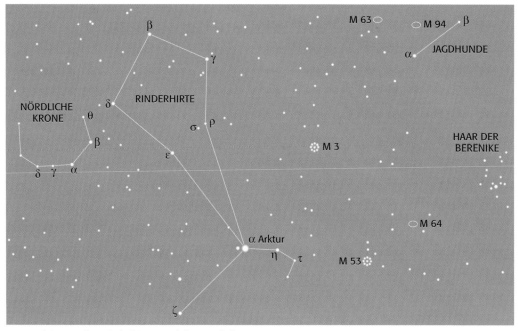

*Das Gebiet um den Rinderhirten und die Nördliche Krone*

## Die interessantesten Sehenswürdigkeiten am Frühlingshimmel

| Objekt | Name | Sternbild | Position | Helligkeit | Typ | Lohnenswert? |
|---|---|---|---|---|---|---|
| M 44 | Krippe | Krebs | In der Mitte des Sternbilds | 3,7 | Offener Haufen | 3 🔭 1 🔭 |
| M 67 | | Krebs | 2° rechts von α im Krebs | 6,1 | Offener Sternhaufen | 3 🔭 1 🔭 |
| M 64 | | Haar der Berenike | 9° westlich von α im Rinderhirten | 8,8 | Spiralgalaxie | 1 🔭 |
| M 3 | | Jagdhunde | Zwischen Arktur im Rinderhirten und Cor Caroli | 6,4 | Kugelsternhaufen | 3 🔭 1 🔭 |
| α in den Jagdhunden | Cor Caroli | Jagdhunde | Südlich der Deichselspitze im Großen Wagen | 2,9 – 5,4 | Doppelstern gelb/blau | 4 🔭 1 🔭 |
| M 94 | | Jagdhunde | 3° nördlich von α in den Jagdhunden | 8 | Spiralgalaxie | 1 🔭 |
| M 51 | Whirlpool-Galaxie | Jagdhunde | 3° südwestl. d. Deichselspitze im Großen Wagen | 8,1 | Spiralgalaxie | 2 🔭 |
| ζ im Großen Wagen | Mizar | Großer Wagen | 2. Deichselstern im Großen Wagen | 2,4 – 4,0 | Doppelstern weiß | 5 🔭 1 🔭 |
| M 81 | | Großer Wagen | In der Verlängerung von γ – α im Großen Wagen | 7,9 | Spiralgalaxie | 3 🔭 |
| M 101 | | Großer Wagen | 3° nördl. d. Deichselspitze im Großen Wagen | 8 | Spiralgalaxie | 2 🔭 |
| M 82 | | Großer Wagen | Direkt neben M 81 | 8,7 | Irreguläre Galaxie | 3 🔭 |
| γ im Löwen | Algieba | Löwe | Oberhalb von Regulus | 2,2 – 3,4 | Doppelstern orange | 5 🔭 |
| M 65 | | Löwe | 7° südwestlich von β im Löwen | 9,3 | Spiralgalaxie | 1 🔭 |
| M 66 | | Löwe | Unterhalb von M 65 | 9,1 | Spiralgalaxie | 1 🔭 |
| γ in der Jungfrau | Porrima | Jungfrau | 3° westlich von Spica | 3,6 – 3,6 | Doppelstern gelb | 2 🔭 |

Bewertung von 1 bis 5 = von sehr schwierig und wenig interessant zu beobachten bis sehr einfach und sehr interessant zu beobachten.
🔭 = Fernrohr
🔭 = Fernglas

Beachten Sie, dass Galaxien sehr gute Sichtverhältnisse erfordern, um in der Stadt beobachtbar zu sein.

• Der Frühlingshimmel •

# Der Sommerhimmel

*Der Sommerhimmel bringt uns neue Sterne und Sternbilder. Die späte Dämmerung jedoch und das Vorstellen der Uhr auf die Sommerzeit zwingen uns, sehr lange wach zu bleiben, um das Firmament zu bewundern. Am besten wäre es eigentlich, sehr früh aufzustehen…*

## Das Sommerdreieck

Wenn wir unseren Blick gen Süden und sehr weit nach oben richten, finden wir ein großes von drei sehr hellen Sternen aufgespanntes Dreieck: Deneb im Schwan, Wega in der Leier und Atair im Adler. Das große Sommerdreieck ist die dominante Figur des Sommerhimmels. Im Zentrum, ziemlich gleich weit entfernt von allen drei Eckpunkten, finden Sie Albireo, einen wunderschönen Doppelstern mit einer orangefarbenen und einer blauen Komponente. Schon in einem kleinen Teleskop kann man ihn bewundern. Der Schwan beherbergt einige Sehenswürdigkeiten wie z.B. NGC 7000, den Nordamerika-Nebel, sowie den zweiteiligen Zirrus-Nebel (NGC 6992 und 6960), der sehr bekannt, aber leider in der Stadt fast nie zu sehen ist. Es bieten sich jedoch überwältigende Anblicke, wenn man mit dem Fernglas die Milchstraße vom Schwan über den Adler bis zum Schützen durchstreift.

Weiter westlich können Sie, von Wega ausgehend, zu ihrer Linken einen Stern sehen, der

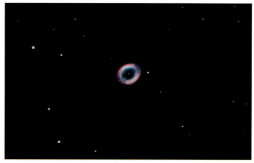

*Der Ring-Nebel in der Leier (M 57): Ein alter Stern bläst einen „Rauchkringel" ins All.*

im Fernglas doppelt erscheint: $\varepsilon_1$ und $\varepsilon_2$ in der Leier. Jede der beiden Komponenten lässt sich in einem kleinen Fernrohr wiederum in zwei Sterne auflösen. Hier haben wir also ein Exemplar eines sehr seltenen Vierfachsterns vor uns! Das Sternbild der Leier hat die Form einer kleinen Raute, wobei die beiden unteren Sterne, $\gamma$ und $\beta$, den Ring-Nebel M 57 umgeben. Hier sieht man die abgeblasene äußere Gashülle eines sterbenden Sterns in den Weltraum expandieren. Im Fernglas wirkt er wie ein verwasche-

---

### Ein guter Tipp: Star Hopping

Die einfachste Art, mit bloßem Auge nicht sichtbare Objekte am Himmel zu finden, ist das „Star Hopping". Diese Methode wird z.B. von Amateuren verwendet, die nicht über eine parallaktische Montierung verfügen, wie die Besitzer eines Dobson-Teleskops. Ausgehend von einem hellen Stern in der Nähe des gesuchten Objektes, hüpft man mit Hilfe einer Karte von Stern zu Stern bis zum Objekt seiner Begierde. Dazu eignet sich am besten ein Instrument mit großem Gesichtsfeld. Ein Fernglas, das meist über ein Gesichtsfeld von sechs bis sieben Grad verfügt, ist hier zu empfehlen. Für Dobsons, die oft ohne Sucher verkauft werden, empfiehlt sich die Anschaffung eines guten Sucherfernrohrs mit großem Gesichtsfeld.
Wenn man die genaue Gesichtsfeldgröße seines Suchers oder Fernglases kennt, kann man auf einer präzisen Karte einfach abschätzen, welchen Weg man nehmen sollte.

nes Sternchen, interessanter wird M 57 ab 75facher Vergrößerung in einem 100- bis 120-mm-Teleskop.

Weiter westlich erstreckt sich der Riese Herkules, ein schwaches Sternbild von der Form eines großen „H" und in der Stadt schwer zu erkennen. Suchen Sie die beiden Sternhaufen M 13 und M 92 mit dem Fernglas oder besser noch mit einem Instrument auf einer GoTo-Montierung. Diese beiden großartigen Kugelsternhaufen vereinen jeder rund eine halbe Million Sterne in sich. Mit einem Instrument ab 100 mm Öffnung lassen sich in den Haufen allmählich einzelne Sterne „auflösen".

## Um das Zentrum der Milchstraße

Wandert man von Atair (α im Adler) wieder nach oben in Richtung Albireo, so trifft man auf ein kleines Sternbild mit der Form eines liegenden „Y", das bei einer Beobachtung im Fernglas sichtbar wird: der Pfeil (S. 86). Genau über γ erscheint der Hantel-Nebel M 27: Er ist einer der bekanntesten Planetarischen Nebel und befindet sich im winzigen Sternbild Füchschen. Die Gaswolke verrät die abgeblasenen Reste eines Roten Riesen.

Wenn man dem Adler weiter Richtung Horizont folgt, trifft man auf den Sternhaufen M 11 im Schild; manchmal wird er auch Wildenten-Haufen genannt, weil er im Fernglas an fliegende Enten erinnert. Lassen wir unseren Blick noch weiter nach Süden wandern, stoßen wir auf zwei sehr bekannte Tierkreissternbilder: den Schützen und den Skorpion. Hier tauchen wir in das Zentrum unserer Galaxie ein. Die Milchstraße zeigt sich hier besonders dicht; Nebel und Haufen sind dort derart zahlreich, dass man sich darin regelrecht verlieren kann! Bedauerlicherweise stehen diese beiden Sternbilder bei uns immer sehr nah am Horizont. Versuchen Sie trotzdem mal Ihr Glück mit M 8, dem Lagunen-Nebel, und M 20, dem Trifid-Nebel im Schützen, sowie dem Kugelsternhaufen M 4 ganz in der Nähe von Antares im Skorpion.

*Die sternreiche Region im Schützen, wie man sie leider niemals in der Stadt sehen kann. Eine Belichtungszeit von sieben Minuten war nötig, um diesen Teil der Milchstraße zu erfassen.*

### DER TRICK MIT DEM INDIREKTEN SEHEN

Um diffuse und wenig kontrastreiche Objekte wie Nebel und Galaxien zu beobachten, bedienen sich erfahrene Beobachter der Technik des so genannten indirekten Sehens. Wenn Sie ein beliebiges Objekt betrachten, entsteht sein Bild im Zentrum der Netzhaut, dem Sehzentrum des Auges. Diese Zone ist ausgestattet mit Zellen (den Zapfen), die für helles Licht empfindlich sind. Aber diese Zapfen sind praktisch blind bei schwachem Licht.

Das Wahrnehmen eines schwachen Objektes erfolgt daher außerhalb des Sehzentrums. Um ein solches Objekt zu „beobachten", muss man sich auf einen Punkt neben dem Objekt konzentrieren. Dann erscheint es tatsächlich im Augenwinkel. Übrigens sind die Zapfen auch für das Farbsehen zuständig, daher sehen wir lichtschwache Objekte nur schwarzweiß. Sie werden also Nebel selbst in großen Teleskopen nicht so schön farbig sehen, wie sie auf Fotos erscheinen, höchstens einfarbig (grünlich), falls das Licht intensiv genug ist, um das Farbsehen anzuregen.

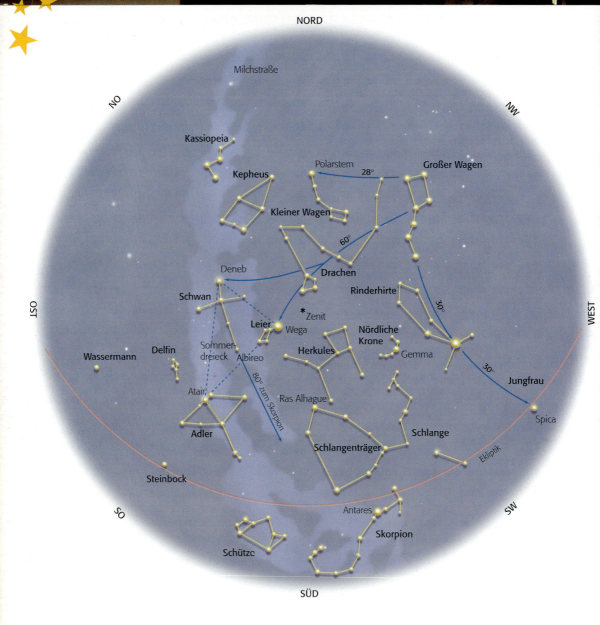

Die Sommerkarte ist zu den rechts angegebenen Zeiten verwendbar.
Die Zeiten sind in Mitteleuropäischer Zeit (MEZ) angegeben.
Bedenken Sie, dass Ihre Uhr in diesen Monaten Sommerzeit (MESZ = MEZ + 1) anzeigt.

- 1. Juli: 0 Uhr (1 Uhr Sommerzeit)
- 15. Juli: 23 Uhr (0 Uhr Sommerzeit)
- 31. Juli: 22 Uhr (23 Uhr Sommerzeit)
- 15. August: 21 Uhr (22 Uhr Sommerzeit)
- 30. August: 20 Uhr (21 Uhr Sommerzeit, und es ist noch dämmrig)

78 • Der Himmel im Wandel der Jahreszeiten •

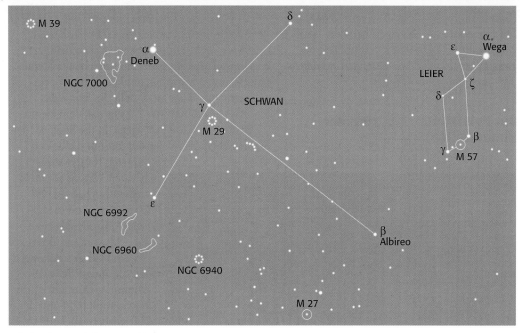

*Die Region um Schwan und Leier*

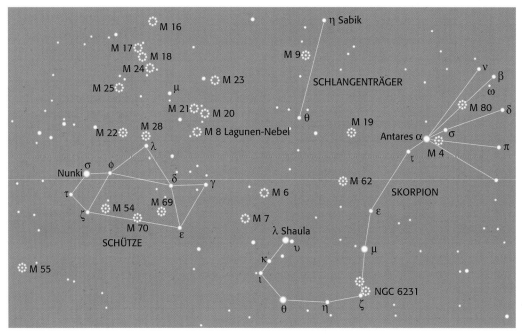

*Das Gebiet um Schütze und Skorpion*

## Die interessantesten Sehenswürdigkeiten am Sommerhimmel

| Objekt | Name | Sternbild | Position | Helligkeit | Typ | Lohnenswert? |
|---|---|---|---|---|---|---|
| β i. Schwan | Albireo | Schwan | Südlich von Deneb | 3,1 – 5,1 | Doppelstern | 4 🔭 |
| 61 i. Schwan | | Schwan | 5° südöstlich von Deneb | 5,5 – 6,4 | Doppelstern orange-orange | 2 🔍 |
| γ im Delfin | | Delfin (S. 86) | Links von Atair, der oberste Rautenstern | 4,5 – 5,5 | Doppelstern gelb-orange | 3 🔭 |
| M 11 | Wildentenhaufen | Schild (S. 86) | 4° westlich von λ im Adler | 6,3 | Offener Sternhaufen | 3 🔭 |
| M 71 | | Pfeil (S. 86) | Zwischen γ u. δ im Pfeil | 8,5 | Kugelhaufen | 2 🔍 2 🔭 |
| M 13 | | Herkules | Zw. d. rechten Ecksternen | 5,7 | Kugelhaufen | 4 🔭 |
| α im Herkules | Ras Algethi | Herkules | Südwestlich von Wega Richtung Horizont | 3,5 – 5,4 | Doppelstern veränderlich rot und gelb | 3 🔭 |
| M 92 | | Herkules | Oberhalb des Herkules-Vierecks | 6,1 | Kugelhaufen | 1 🔍 2 🔭 |
| ε in der Leier | Der Vierfachstern | Leier | Links von Wega | 4,6 – 4,9 | Vierfachstern | 4 🔍 1 🔭 |
| M 57 | Ring-Nebel in der Leier | Leier | Zwischen β und γ in der Leier | 9,3 | Planetarischer Nebel | 3 🔭 |
| M 27 | Hantel-Nebel | Füchschen | Auf halber Strecke zw. β i. Schwan und i. Delfin | 7,6 | Planetarischer Nebel | 2 🔍 4 🔭 |
| M 8 | Lagunen-Nebel | Schütze | 5° westlich von λ im Schützen | 5,9 | Diffuser Nebel | 4 🔍 4 🔭 |
| M 17 | Omega-Nebel | Schütze | 5° nordöstlich von μ im Schützen | 7,7 | Diffuser Nebel | 3 🔭 |
| M 22 | | Schütze | 2° östl. v. λ i. Schützen | 6,1 | Kugelhaufen | 3 🔭 |
| M 20 | Trifid-Nebel | Schütze | 2° südwestlich von μ im Schützen | 7,5 | Diffuser Nebel | 3 🔍 1 🔭 |
| M 23 | | Schütze | 5° nordwestlich von μ im Schützen | 6,9 | Offener Haufen | 2 🔍 3 🔭 |
| M 6 | | Skorpion | 6° westlich von γ im Schützen | 5,3 | Offener Haufen | 3 🔍 1 🔭 |
| M 7 | | Skorpion | 4° südöstlich von M 6 | 3,2 | Offener Haufen | 3 🔍 1 🔭 |
| M 5 | | Schlange | 9° nordwestl. d. untersten Schlangensterns | 6,2 | Kugelhaufen | 3 🔭 |

*Bewertung von 1 bis 5 = von sehr schwierig und wenig interessant zu beobachten bis sehr einfach und sehr interessant zu beobachten.*

🔭 = Fernrohr
🔍 = Fernglas

• Der Sommerhimmel •

# Der Herbsthimmel

*Im Herbst werden die Tage wieder kürzer – zur großen Freude der Astronomen, die nun mit ihren Beobachtungen wieder früher beginnen können. Regen und Wind um die Tagundnachtgleiche tragen dazu bei, die städtische Luftverschmutzung zu zerstreuen – und die „Durchsicht" gewinnt an Qualität.*

## Das „Himmels-W" als Ausgangspunkt

Die langen Herbstabende und die im Allgemeinen recht milde Temperatur zu dieser Zeit bieten Amateuren oft beste astronomische Bedingungen. Der Herbsthimmel hat zwar weniger helle Sterne zu bieten als die anderen drei Jahreszeiten, dennoch hält er die eine oder andere schöne Überraschung für uns bereit.
Das große Sommerdreieck wandert allmählich gen Westen, bleibt aber noch für etliche Wochen beobachtbar. Kassiopeia, das Himmels-W, das nun praktisch über unseren Köpfen thront, ist zu dieser Jahreszeit unser Orientierungspunkt am Himmel. Der mittlere Teil des W zeigt in Richtung des Polarsterns und weiter noch auf den Großen Wagen, der sich nun in den Dunst über den Nordhorizont zurückgezogen hat. Die rechte W-Seite weist auf eine bemerkenswerte Sternansammlung, die einer Art „Riesenwagen" ähnelt: das Sternbild Andromeda, angehängt an das Große (und fast perfekte) Herbstquadrat im Pegasus, dem sagenhaften geflügelten Pferd. Diese beiden Sternbilder dominieren den herbstlichen Himmel und erscheinen zusammen mit Algol im Perseus wie ein überdimensionaler Großer Wagen.

## Das entfernteste Objekt

Es gibt ein einfaches Mittel, sich etwas Geld für sein astronomisches Hobby zu verdienen. Machen Sie einfach folgende Wette: Fragen Sie einen Freund, welches das entfernteste Objekt ist, das man von der Stadt aus sehen kann (mit

*Die Galaxie M 33 im Dreieck ist sehr schwierig in der Stadt zu beobachten. Ein Objekt, das man sich besser für ein Wochenende auf dem Land vornimmt.*

dem Fernglas selbstverständlich). Antwort: Der Dom? Falsch! Der Mond? Falsch! Es ist die Andromeda-Galaxie M 31, rund drei Millionen Lichtjahre von uns entfernt! Sie ist unsere nächste Nachbar-Spiralgalaxie und enthält einige 100 Milliarden Sterne. Verbindet man in Gedanken β und ν in der Andromeda, findet man sie sehr leicht direkt neben dem Stern ν. Wählen Sie eine mondlose Nacht, dann können Sie M 31 als ausgedehnten länglichen Nebel wahrnehmen, deutlich beeindruckender im Fernglas als im Teleskop. Die Lichtteilchen, die Sie in diesem Moment mit Ihren Augen empfangen, sind zu einer Zeit von M 31 aus gestartet, als sich in den Ebenen Afrikas gerade die allerersten Menschen entwickelten. M 31 hat zwei Begleiter: M 110 und M 32. Genau gegenüber, südlich von β in der Andromeda, finden Sie in etwa gleicher Entfernung wie M 31 das

### Ein paar Worte zu Filtern

Deep-Sky-, UHC- und OIII-Filter, die auf S. 45 vorgestellt wurden, erfordern eine gute Kenntnis des Himmels und sind leider ziemlich teuer…

Um den Kontrast bei offenen, Kugelsternhaufen und sogar einigen Nebeln zu verstärken, versuchen Sie einfach mal einen klassischen Gelbfilter (zum Aufschrauben auf das Okular) – er ist erheblich günstiger als ein Interferenzfilter. Obwohl er nicht das (gelb-orangefarbene) Licht der Natriumdampflampen der Straßenbeleuchtung wegfiltert, kann der Filter den Kontrast bei diesen Objekten deutlich verbessern.

*Wie Diamanten auf schwarzem Samt: Der Doppelhaufen h und $\chi$ im Perseus ist eines der schönsten Schmuckstücke des Himmels.*

kleine, wenig helle Sternbild Dreieck. Ein wenig rechts von α im Dreieck können Sie versuchen, M 33 zu finden, eine weitere Spiralgalaxie, auf die wir dieses Mal von „oben" schauen. Sie ist jedoch weniger hell als M 31 und daher in der Stadt kaum zu sehen.

## Ein himmlisches Kleinod

Wieder von Kassiopeia ausgehend, betrachten Sie diesmal das linke V des großen W, das grob in Richtung des Sternbildes Perseus zeigt. Fast auf halber Strecke zwischen δ in der Kassiopeia und α im Perseus (Mirfak) liegt der Doppelsternhaufen h und χ im Perseus, der rund 8000 Lichtjahre entfernt ist. Hinter dieser wenig romantischen Bezeichnung verbirgt sich eines der schönsten himmlischen Kleinode, sehr einfach mit dem Fernglas auszumachen. Zwei Häufchen von glitzernden Diamanten auf schwarzem Samt, Sie sollten sie auf gar keinen Fall auslassen. Die Sternbilder Kassiopeia, Perseus und Kepheus befinden sich in einem äußeren Arm der Milchstraße, gegenüber vom Zentrum. Durchmustern Sie diesen Milchstraßenarm ausführlich mit dem Fernglas, ausgehend von Kepheus bis hinab zum Fuhrmann (den wir im Winter genauer beschreiben). Auch diese äußere Region unserer eigenen Heimatgalaxie ist sehr faszinierend.

Die Herbstkarte ist zu den rechts angegebenen Zeiten verwendbar.
Die Zeiten sind in Mitteleuropäischer Zeit (MEZ) angegeben.
Bedenken Sie, dass bis Ende Oktober die Sommerzeit (MESZ = MEZ + 1) gilt.

- 15. September: 0 Uhr (1 Uhr Sommerzeit)
- 1. Oktober: 23 Uhr (0 Uhr Sommerzeit)
- 15. Oktober: 22 Uhr (23 Uhr Sommerzeit)
- 30. Oktober: 21 Uhr (22 Uhr Sommerzeit)
- 15. November: 20 Uhr
- 30. November: 19 Uhr

**84** • **Der Himmel im Wandel der Jahreszeiten** •

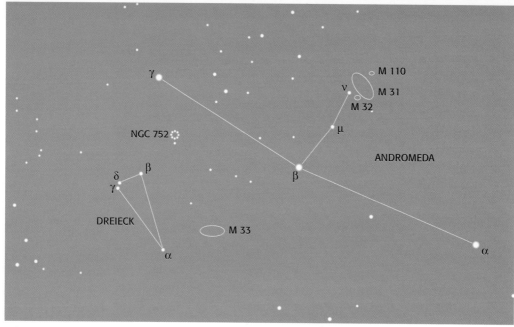

*Die Region um Andromeda und Dreieck*

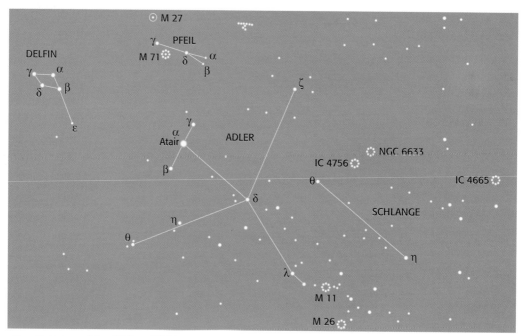

*Das Gebiet um Adler, Pfeil und Schlange*

# Die interessantesten Sehenswürdigkeiten am Herbsthimmel

| Objekt | Name | Sternbild | Position | Helligkeit | Typ | Lohnenswert? |
|---|---|---|---|---|---|---|
| M 31 | Andromeda-Galaxie | Andromeda | In der Verlängerung von μ – ν in der Andromeda | 3,8 | Spiralgalaxie | 5 🔭 5 🔭 |
| γ in der Andromeda | Alamak | Andromeda | In der Verlängerung von α – β in der Andromeda | 2,3 – 5,1 | Doppelstern orange/blau | 4 🔭 |
| M 32 | | Andromeda | Neben M 31 | 8,7 | Galaxie | 1 🔭 |
| γ im Widder | | Widder | Der unterste Stern i. Widder | 3,9 | Doppelstern | 2 🔭 |
| NGC 457 | | Kassiopeia | 2° südl. vom linken unteren W-Stern in der Kassiopeia | 8,6 | Offener Sternhaufen | 3 🔭 1 🔭 |
| NGC 663 | | Kassiopeia | 2° östl. vom linken unteren W-Stern in der Kassiopeia | 8,4 | Offener Sternhaufen | 3 🔭 3 🔭 |
| M 52 | | Kassiopeia | In der Verlängerung des rechten W-Aufstrichs d. Kas. | 6,9 | Offener Sternhaufen | 1 🔭 2 🔭 |
| M 103 | | Kassiopeia | 1° östl. vom linken unteren W-Stern in der Kassiopeia | 7,4 | Offener Sternhaufen | 1 🔭 1 🔭 |
| M 15 | | Pegasus | Nahe bei ε, dem westlichsten Stern im Pegasus | 6,3 | Kugelsternhaufen | 3 🔭 |
| NGC 869 und NGC 884 | H und χ im Perseus | Perseus | Auf halber Strecke zwischen Perseus und Kassiopeia | 4,4 – 4,7 | Doppelter offener Sternhaufen | 5 🔭 5 🔭 |
| M 34 | | Perseus | Nahe Algol (β im Perseus) | 5,5 | Off. Haufen | 1 🔭 2 🔭 |
| M 33 | | Dreieck | In der Nähe von α im Dreieck | 5,7 | Spiralgalaxie | 1 🔭 1 🔭 |
| M 2 | | Wassermann | Etwa 10° südlich von ε im Pegasus | 6,3 | Kugelsternhaufen | 2 🔭 |

Bewertung von 1 bis 5 = von sehr schwierig und wenig interessant zu beobachten bis sehr einfach und sehr interessant zu beobachten.

Beachten Sie, dass Galaxien sehr gute Sichtverhältnisse erfordern, um in der Stadt beobachtbar zu sein.

🔭 = Fernrohr
🔭 = Fernglas

• Der Herbsthimmel •

# Der Winterhimmel

*N*un kommt die Zeit des Frostes und die Versuchung ist groß, das Teleskop bis zur Zeit der schönen Tage wieder in den Keller zu stellen. Das wäre allerdings sehr schade, denn in dieser Jahreszeit stehen die bei weitem schönsten Objekte am Himmel. Gerade eiskalte Winternächte sind oft sehr klar, und der Himmel glitzert wie aus Gold… Also, den Schal umwerfen und los geht's!

## Die himmlische Schatzgrube

Suchen Sie mit Hilfe der Karten auf den folgenden Seiten die Figur, die durch diese hellen Sterne gebildet wird: Kapella im Fuhrmann, Kastor und Pollux in den Zwillingen, Prokyon im Kleinen Hund, Sirius im Großen Hund, Aldebaran (das Auge des Stiers) sowie Beteigeuze und Rigel im Orion. Diese acht sehr hellen Sterne bilden ein riesiges „G", die Zierde des Winterhimmels. Sechs Sterne davon (alle außer Kastor und Beteigeuze) bilden das so genannte Große Wintersechseck.

Das Sternbild Orion im Zentrum des G ist unser Orientierungspunkt am Winterhimmel, majestätisch und nicht zu übersehen. Der sagenhafte Himmelsjäger hat die Form eines Vierecks und liegt genau in der Mitte unseres Himmelsanblicks, zu seinen Füßen den Großen Hund, der den Hasen unter dem roten Auge des Stiers verfolgt. Die Ansammlung wird vom Fuhrmann dominiert, der über unseren Köpfen thront.

Im mittleren Teil des Orion ist eine aufsteigende Linie aus drei Sternen leicht zu finden: Es sind die drei Könige Alnitak (ζ), Alnilam (ε) und Mintaka (δ), die den Gürtel des Jägers bilden. Genau unter diesem Ensemble befindet sich im Schwertgehänge des Orion eine der schönsten Sehenswürdigkeiten des Himmels, der Orion-Nebel (M 42), schon sichtbar mit bloßem Auge, selbst in der Stadt! Betrachten Sie ihn im Fernglas oder im Teleskop mit einer schwachen Vergrößerung. In einem 200-mm-Instrument erscheint er grünlich und erinnert an einen großen Vogel mit ausgebreiteten Schwingen – unvergesslich. Im Zentrum des Nebels stehen vier Sterne nahe beisammen,

Eines der schönsten Objekte am Himmel: der Orion-Nebel (M 42). Eine riesige Wasserstoffwolke, in der nach wie vor neue Sterne entstehen – ein richtiger Sternenbrutkasten.

> **BEOBACHTEN IM WINTER: DIE BESTEN TIPPS GEGEN DIE KÄLTE!**
>
> Selbst bei einer Beobachtung vom Balkon aus ist es absolut notwendig, sich warm anzuziehen. Die Nacht ist kalt, vor allem, wenn man sich nicht bewegt. Sorgen Sie also vor: Denken Sie an Handschuhe, Mütze, Schal und warme Schuhe. Besonders Letztere sind extrem wichtig, da die Kälte gerne von unten hochkriecht. Ideal für Astronomen ist im Winter Ski- oder Jagdbekleidung. Packen Sie sich also ruhig in einen Ski-Anzug oder einen Jäger-Parka ein! Stärken Sie sich unbedingt vor der Beobachtung, aber trinken Sie keinen Alkohol. Manche Beobachter meinen, sie könnten sich mit Hilfe einer „kleinen" Zigarette aufwärmen, was aber genau den gegenteiligen Effekt zur Folge hat. Überlegen Sie es sich also…
>
> Vervollständigen Sie Ihre astronomische Ausrüstung durch eine Thermoskanne mit heißem Kaffee oder Tee und packen Sie ein paar leckere Kekse ein, die Sie mit der Hand (bzw. Fäustlingen) problemlos herausholen können. In einer kalten Winternacht werden Sie dafür sehr dankbar sein.

das Trapez. Der zentrale Bereich ist ein wahrer Sternenbrutkasten, es wimmelt nur so von sehr jungen Sternen (nur einige Millionen Jahre alt). Das Trapez ist mit einem Fernglas nicht aufzulösen, jedoch mit einem Fernrohr ab 50fach. Orion ist eines der wenigen Sternbilder, das zwei Überriesen enthält: Beteigeuze (rot) und Rigel (blau und ein Doppelstern). Knapp unterhalb von Alnitak ($\zeta$) befindet sich der schwache Nebel IC 434, in dem auch der Pferdekopf-Nebel liegt. Es handelt sich um eine riesige Staubwolke, die die dahinter stehenden leuchtenden Nebelteile verdeckt. Leider kann man dieses Objekt höchstens fotografieren, wahrnehmen lässt es sich nur in großen Teleskopen.

### Der bekannteste Stern

Verlängern wir die Achse der drei Gürtelsterne nach links, treffen wir auf den hellsten Stern am Firmament: Sirius im Großen Hund. Er diente den Astronauten während der Apollo-Missionen als Leitstern für die Navigation! Wandern wir nun von den drei Gürtelsternen ausgehend nach Westen, stoßen wir auf Aldebaran und die Hyaden, die zentrale Sterngruppe im Stier. Es handelt sich um einen offenen Sternhaufen, der bei guten Bedingungen schon mit dem bloßen Auge zu identifizieren ist. In der gleichen Richtung, 15° weiter westlich, findet man das zweite Juwel am Winterhimmel: den Sternhaufen der sieben Schwestern, die Plejaden. Mit bloßem Auge sieht man sechs Sterne,

die aussehen wie ein winziger Großer Wagen. Im Fernglas ist er weit spektakulärer anzusehen als im Teleskop; der Haufen enthält mehr als Hundert junge Sterne – eine Augenweide! Rund 12° weiter im Osten stößt man auf $\zeta$ im Stier, in dessen unmittelbarer Nähe der Supernova-Überrest M 1 steht, der Krabben-Nebel (leider in der Stadt sehr schwierig zu beobachten). Weiter im Norden thront das ausgedehnte Sternbild Fuhrmann, ein Gebiet mit vielen schönen offenen Sternhaufen: M 36, M 37, M 38 und NGC 1647 (im Stier) können allesamt im Fernglas oder einem kleinen Instrument beobachtet werden. Ein wenig westlich von Kapella ($\alpha$ im Fuhrmann) liegt $\epsilon$, einer der leuchtkräftigsten Sterne unserer Galaxie und einer der monströsesten zugleich: Unser gesamtes Sonnensystem hätte in ihm Platz!

### Und noch etwas zum Nachdenken…

Am Ende dieses Buches soll ein Satz des berühmten Amateur(!)astronomen Camille Flammarion stehen: „Mit Recht sagt man, dass die Fragen der Astronomie diejenigen sind, die die höchsten Ansprüche an die Fähigkeiten des menschlichen Geistes stellen." Heutzutage ist das umso mehr wahr, denn was der Journalist und Astronom Flammarion nicht im entferntesten ahnte war, dass wir eines Tages Messinstrumente auf Mond und Mars platzieren würden. Ein kleiner Satz zum Nachdenken in der Kälte, das Auge am Okular…

Die Winterkarte ist zu den rechts angegebenen Zeiten verwendbar.
Die Zeiten sind in Mitteleuropäischer Zeit (MEZ) angegeben.

- 1. Dezember: 1 Uhr
- 15. Dezember: 0 Uhr
- 1. Januar: 23 Uhr
- 15. Januar: 22 Uhr
- 31. Januar: 21 Uhr
- 15. Februar: 20 Uhr

90 • Der Himmel im Wandel der Jahreszeiten

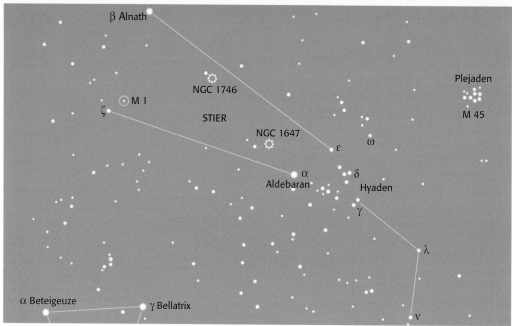

*Die Region um den Stier*

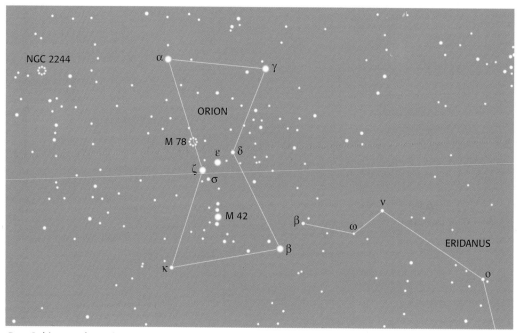

*Das Gebiet um den Orion*

# Die interessantesten Sehenswürdigkeiten am Winterhimmel

| Objekt | Name | Sternbild | Position | Helligkeit | Typ | Lohnenswert? |
|---|---|---|---|---|---|---|
| M 36 | | Fuhrmann | Zw. M 37 und M 38 | 5,3 | Offener Haufen | 1 🔭 - 2 🔭 |
| M 37 | | Fuhrmann | Links unten i. Fuhrmann | 6,2 | Offener Haufen | 1 🔭 - 2 🔭 |
| M 38 | | Fuhrmann | In der Mitte d. Fuhrmanns | 6 | Offener Haufen | 1 🔭 - 2 🔭 |
| M 35 | | Zwillinge | Etwa 10° südöstlich von β im Stier | 6,2 | Offener Haufen | 3 🔭 - 3 🔭 |
| α in den Zwillingen | Kastor | Zwillinge | Oberhalb von Pollux | 2 | Doppelstern weiß-weiß | 2 🔭 |
| M 41 | | Großer Hund | 4° südlich von Sirius | 4,6 | Offener Haufen | 3 🔭 - 3 🔭 |
| M 42 | Orion-Nebel | Orion | Unterhalb der drei Gürtelsterne | 5 | Diffuser Nebel | 5 🔭 - 5 🔭 |
| σ im Orion | | Orion | Direkt unterhalb von Alnitak (ζ im Orion) | 3,8 | Mehrfachstern | 3 🔭 |
| β im Orion | Rigel | Orion | Südwestlich der drei Gürtelsterne | 0,2 | Doppelstern weiß und blau | 3 🔭 |
| δ im Orion | Mintaka | Orion | Der dritte Gürtelstern (rechts) | 2,2 | Doppelstern | 3 🔭 - 3 🔭 |
| M 78 | - | Orion | Oberhalb von ζ im Orion in Richtung von Beteigeuze | 8 | Diffuser Nebel | 2 🔭 |
| $\theta_1$ im Orion | Trapez | Orion | Im Zentrum von M 42 | 5,4 bis 8 | Mehrfachstern | 3 🔭 - 5 🔭 |
| M 45 | Plejaden | Stier | Nordwestlich von Aldebaran | 1,4 | Offener Haufen | 5 🔭 - 5 🔭 |
| M 1 | Krabben-Nebel | Stier | 1° nordwestlich von ζ im Stier | 8,4 | Supernova-Rest | 1 🔭 |
| | Hyaden | Stier | In der Nähe von Aldebaran | 1 | (Sehr) offener Haufen | 5 🔭 - 2 🔭 |

*Bewertung von 1 bis 5 = von sehr schwierig und wenig interessant zu beobachten bis sehr einfach und sehr interessant zu beobachten.*

*Beachten Sie, dass Nebel wie M 1 sehr gute Sichtverhältnisse erfordern und in der Stadt daher leider nur selten sichtbar sind.*

🔭 = Fernrohr
🔭 = Fernglas

# Ratgeber für Stadtastronomen

Auf den folgenden Seiten finden Sie weiterführende Informationen und Tabellen, Tipps zur Pflege und Justage Ihres Instrumentes sowie ein Glossar, nützliche Literaturtipps und Adressen.

## Das griechische Alphabet gehört zur Sprache der Astronomen

Früher bezeichnete man die Sterne gemäß ihrer Position in einem Sternbild: das Auge des Stiers, der linke Fuß des Orion, die Schulter des Herkules. International nicht praktisch…

1603 führte daher der Astronom J. Bayer eine einfache und allgemeine Nomenklatur ein: Er verwendete griechische Buchstaben zur Bezeichnung der Sterne. So haben nun überall auf der Welt die Sterne dieselben Bezeichnungen. Die hellsten Sterne tragen außerdem arabische oder lateinische Eigennamen.

### Das griechische Alphabet

| | |
|---|---|
| α | alpha |
| β | beta |
| γ | gamma |
| δ | delta |
| ε | epsilon |
| ζ | zeta |
| η | eta |
| θ | theta |
| ι | iota |
| κ | kappa |
| λ | lambda |
| μ | mü |
| ν | nü |
| ξ | xi |
| ο | omikron |
| π | pi |
| ρ | rho |
| σ | sigma |
| τ | tau |
| υ | ypsilon |
| φ | phi |
| χ | chi |
| ψ | psi |
| ω | omega |

## Die wichtigsten Meteorströme

| Erscheinungszeitraum | Name des Stroms | Sternbild des Radianten |
|---|---|---|
| 1.–6. Januar (Max. 4.) | Bootiden | Rinderhirte |
| 19.–24. April (Max. 22.) | Lyriden | Herkules / Leier |
| 1.–13. Mai (Max. 5.) | Eta-Aquariden | Wassermann |
| 25.–30. Juli (Max. 28.) | Delta-Aquariden | Wassermann |
| 9.–14. August (Max. 12.) | Perseiden | Perseus |
| 9. Oktober | Draconiden | Drache |
| 16.–22. Oktober (Max. 19.) | Orioniden | Orion |
| 15.–19. November (Max. 17.) | Leoniden | Löwe |
| 9.–13. Dezember (Max. 12.) | Geminiden | Zwillinge |

*Im Radiant selber passiert nichts, er ist nur der scheinbare Ausstrahlungspunkt der Meteore. Daher beobachtet man am besten die Gegend um ihn herum. Die angegebenen Beobachtungsperioden kehren jedes Jahr zur selben Zeit wieder.*

# Die 25 hellsten Sterne

| Nummer | Name des Sterns | Sternbild | Helligkeit |
| --- | --- | --- | --- |
| 1 | Sirius | Großer Hund | −1,4 |
| 2 | Canopus | Schiffskiel | −0,7 |
| 3 | Toliman | Zentaur | −0,3 |
| 4 | Arktur | Rinderhirte | 0,0 |
| 5 | Wega | Leier | 0,0 |
| 6 | Kapella | Fuhrmann | 0,1 |
| 7 | Rigel | Orion | 0,1 |
| 8 | Prokyon | Kleiner Hund | 0,4 |
| 9 | Achernar | Eridanus | 0,5 |
| 10 | Agena | Zentaur | 0,6 |
| 11 | Atair | Adler | 0,7 |
| 12 | Beteigeuze | Orion | 0,8 (variabel) |
| 13 | Aldebaran | Stier | 0,8 |
| 14 | Antares | Skorpion | 0,9 |
| 15 | Acrux | Kreuz des Südens | 0,9 |
| 16 | Spica | Jungfrau | 1,0 |
| 17 | Pollux | Zwillinge | 1,1 |
| 18 | Fomalhaut | Südlicher Fisch | 1,1 |
| 19 | Regulus | Löwe | 1,3 |
| 20 | Deneb | Schwan | 1,3 |
| 21 | Mimosa | Kreuz des Südens | 1,3 |
| 22 | Adhara | Großer Hund | 1,5 |
| 23 | Kastor | Zwillinge | 1,6 |
| 24 | Shaula | Skorpion | 1,6 |
| 25 | Bellatrix | Orion | 1,6 |

## Die Mondfinsternisse der nächsten Jahre

| Datum | Art | Größe* | Max. Bedeckung [MEZ] | Sichtbarkeit in Europa |
|---|---|---|---|---|
| 16. Mai 2003 | Total | 1,13 | 4 h 40 | Anfang sichtbar |
| 9. November 2003 | Total | 1,02 | 2 h 19 | Vollständig sichtbar |
| 4. Mai 2004 | Total | 1,30 | 21 h 30 | Ende sichtbar |
| 28. Oktober 2004 | Total | 1,31 | 4 h 04 | Vollständig sichtbar |
| 17. Oktober 2005 | Partiell | 0,06 | 13 h 03 | Nicht sichtbar |
| 7. September 2006 | Partiell | 0,18 | 19 h 51 | Ende sichtbar |
| 3. März 2007 | Total | 1,23 | 0 h 21 | Vollständig sichtbar |
| 28. August 2007 | Total | 1,47 | 11 h 37 | Nicht sichtbar |
| 21. Februar 2008 | Total | 1,11 | 4 h 25 | Vollständig sichtbar |
| 16. August 2008 | Partiell | 0,81 | 22 h 10 | Ende sichtbar |
| 31. Dezember 2009 | Partiell | 0,07 | 20 h 23 | Vollständig sichtbar |
| 26. Juni 2010 | Partiell | 0,53 | 12 h 38 | Nicht sichtbar |
| 21. Dezember 2010 | Total | 1,25 | 9 h 17 | Anfang sichtbar |
| 15. Juni 2011 | Total | 1,71 | 21 h 13 | Ende sichtbar |

## Die Planeten in Zahlen

| | Durchmesser in Kilometern | Masse (Erde = 1) | Entfernung (mittlere) von der Sonne (Millionen km) | Umlauf (Dauer eines Jahres) | Rotation (Dauer eines Tages) | Temperatur (mittlere) am Tag | Anzahl an bekannten Monden | Neigung der Bahn zur Ekliptik |
|---|---|---|---|---|---|---|---|---|
| Merkur | 4 878 | 0,055 | 57,6 | 87,96 Erdtage | 59 Erdtage | 400 °C | 0 | 7° |
| Venus | 12 104 | 0,82 | 108,2 | 224,7 Erdtage | 243 Erdtage | 450 °C | 0 | 3°23′24″ |
| Erde | 12 756 | 1,0 | 149,6 | 365,25 T. | $23^h 56^m 18^s$ | 19 °C | 1 | 0° |
| Mars | 6 785 | 0,107 | 227,9 | 686,98 Erdtage | $24^h 37^m$ irdische | 0 °C | 2 | 1°51′ |
| Jupiter | 142 980 | 317,89 | 778,3 | 11,9 Jahre** | $9^h 50^m$ irdische | −100 °C | 39 | 1°18′36″ |
| Saturn | 120 540 | 95,18 | 1 429,4 | 29,5 Jahre | $10^h 39^m$ irdische | −180 °C | 30 | 2°30′ |
| Uranus | 51 120 | 14,53 | 2 875,0 | 83,75 Jahre | $17^h 12^m$ irdische | −220 °C | 21 | 0°46′12″ |
| Neptun | 49 530 | 17,15 | 4 504,4 | 163,7 Jahre | $16^h 03^m$ irdische | −220 °C | 8 | 1°46′48″ |
| Pluto | 2 300 | 0,002 | 5 915,8 | 248 Jahre | 6 T. $9^h 18^m$ | −240 °C | 1 | 17°10′12″ |

*Eindringtiefe des Mondes in den Erdkernschatten in Einheiten des Monddurchmessers, **irdische Jahre

96 • Serviceteil •

## Die 25 schönsten Himmelsobjekte

Hier finden Sie eine Liste der 25 bekanntesten und beeindruckendsten Deep-Sky-Objekte, die man unbedingt kennen sollte. Einige von ihnen, wie die Galaxien, sind in der Stadt sehr schwierig zu sehen, und vielleicht muss man sich bis zu den nächsten Ferien gedulden, um sie zu entdecken – dann unter besserem Himmel.

| Bezeichnung | Beschreibung | Sternbild | Fernglas oder Teleskop? |
|---|---|---|---|
| M 31 | Die hellste Galaxie, sichtbar mit bloßem Auge! | Andromeda | 🔭 - 🔭 |
| M 44 | Krippe (manchmal mit bloßem Auge sichtbar) | Krebs | 👁 - 🔭 - 🔭 |
| M 51 | Eine der hellsten Galaxien | Jagdhunde | 🔭 - 🔭 |
| Albireo | Einer der schönsten farbigen Doppelsterne | Schwan | 🔭 |
| M 11 | Wunderbarer offener Sternhaufen | Schild | 🔭 - 🔭 |
| M 41 | Großer offener Haufen nahe bei Sirius | Großer Hund | 🔭 - 🔭 |
| M 81 und M 82 | Ein Paar heller Galaxien | Großer Wagen | 🔭 - 🔭 |
| Mizar | Berühmter Doppelstern mit Alkor | Großer Wagen | 🔭 |
| M 13 | Der berühmteste Kugelsternhaufen | Herkules | 🔭 - 🔭 |
| M 46 und M 47 | Doppelter offener Sternhaufen | Hinterdeck | 🔭 - 🔭 |
| Algieba | Schöner farbiger Doppelstern | Löwe | 🔭 |
| M 57 | Der Ring-Nebel in der Leier | Leier | 🔭 |
| $\varepsilon_1/\varepsilon_2$ i. d. Leier | Der berühmte Vierfachstern in der Leier | Leier | 🔭 |
| M 42 | Der Orion-Nebel, der hellste Nebel, sichtbar mit dem bloßen Auge | Orion | 👁 - 🔭 - 🔭 |
| $\theta_1$ im Orion | Das Trapez, ein Vierfachstern im Zentrum des Orion-Nebels | Orion | 🔭 |
| h u. $\chi$ im Perseus | Großartiger Doppelsternhaufen | Perseus | 👁 - 🔭 - 🔭 |
| M 27 | Hantel-Nebel, heller Planetarischer Nebel | Füchschen | 🔭 - 🔭 |
| M 22 | Heller Kugelsternhaufen | Schütze | 🔭 - 🔭 |
| M 8 | Lagunen-Nebel, der hellste Nebel nach dem Orion-Nebel | Schütze | 🔭 - 🔭 |
| M 20 | Trifid-Nebel | Schütze | 🔭 - 🔭 |
| M 4 | Kugelsternhaufen nahe Antares | Skorpion | 🔭 - 🔭 |
| M 7 | Sehr schöner offener Haufen | Skorpion | 👁 - 🔭 |
| M 45 | Die Plejaden, prächtiger offener Sternhaufen | Stier | 👁 - 🔭 - 🔭 |

👁 = bloßes Auge     🔭 = Fernglas     🔭 = Fernrohr

◀ *Ein terrestrischer Tag dauert nicht 24 h, sondern nur 23 h 56 min 18 s, entsprechend einer siderischen Rotation. Im Mittel braucht es aber 24 h, bis ein Punkt auf der Erde der Sonne wieder gegenübersteht (Mittag). Der Unterschied von 3 min 42 s entsteht durch die Weiterbewegung der Erde auf ihrer Bahn.*

## Was man sehen kann...

| Durchmesser des Instrumentes in mm | Fernglas 50 mm V = 7x bis 10x | Kleiner Refraktor 50 bis 60 mm V = 20x bis 50x |
|---|---|---|
| **Sonne** (mit der Projektionsmethode oder einem Objektiv-Sonnenfilter) | Große Sonnenflecken evtl. durch Projektion auf einen Schirm. | Flecken und Rotation (die Rotation bemerkt man nach einigen Tagen) |
| **Mond** | Große Wallebenen, ausgedehnte graue Flächen, helle Strahlensysteme, aschgraues Mondlicht. | Schatten der Berge. Die Krater auf den gängigen Karten; das Alpental; große Ringwälle. |
| **Jupiter** | Planetenansicht (großer, heller Punkt). Die vier Galileischen Monde (kleine, unscheinbare Punkte). | Abplattung der Scheibe. Bewegung der vier Galileischen Monde. |
| **Saturn** | Wie ein „großer" Stern. | Ringe sichtbar, wenn weit geöffnet (Form einer Olive). |
| **Venus** | Selten: schmale Sichel (mit 10facher Vergrößerung) | Sichel um die untere Konjunktion herum. |
| **Mars** | Wie ein rötlicher Stern. | Eine kleine rötliche Scheibe. |
| **Andere Objekte** | Kometen: Aufsuchen und Betrachten der Gesamtansicht. Aufsuchen von Merkur bei Sonnenauf- und -untergang. | Kometen: Aufsuchen, untersuchen... |
| **Sternenhimmel** | Milchstraße (Sternfelder). Plejaden, Hyaden, Krippe, Orion-Nebel, Andromeda-Galaxie, eine Menge diffuser Objekte (wenn sie hell genug sind) wie M 16 in der Schlange. | Offene und Kugelsternhaufen. Doppelsterne bis 10" Abstand. |

Angaben zu Planetenpositionen findet man Monat für Monat in den Ephemeriden und auf Monatssternkarten in astronomischen Zeitschriften und Jahrbüchern. Viele erwähnte Sternhaufen, Nebel und Galaxien sind auf den Tabellen und Karten S. 72–93 verzeichnet.

## ...mit einem Instrument von diesem Durchmesser

**Fernrohr**
**70 bis 90 mm**
**V = 100x bis 120x**

Penumbra der Flecken, ausgedehnte Fackelgebiete.

Größere Rillen; die Lange Wand. Bodenwellen in den „Meeren". Details von Bergketten im streifend einfallenden Sonnenlicht.

Wolkenbänder parallel zum Äquator. Verfinsterungen der Monde.

Der Mond Titan; Cassini-Teilung; Abplattung der Scheibe.

Abfolge der Phasen; keine Details.

Zur Opposition sieht man eine Polkappe als einen weißen Punkt. Schwieriges Objekt.

Merkur: Phasen. Uranus: Schwacher, strukturloser Punkt. Kometen: Untersuchung des Kopfes mit der kleinstmöglichen Vergrößerung.

Omega-, Trifid-, Lagunen-Nebel, M 78, Hantel-Nebel. Doppelsterne bis 5" Abstand.

**Teleskop**
**100 bis 220 mm**
**V = 150x bis 200x**

Tägliche Veränderungen in den Flecken, Filamente.

Feine Rillen; Details im Inneren von Kratern (Arena von Plato). Leuchterscheinungen auf dem Mond.

Feine Details in den Bändern, anhand derer sich die Rotationsdauer bestimmen lässt (9 h 50 min). Veränderungen in den Details (sehr schwierig). Großer Roter Fleck (meist rosa).

Drei oder vier Monde (Titan, Japetus, Rhea, Tethys). Schatten der Ringe auf dem Planeten. Schwache, undeutliche Flecken auf der Scheibe.

Sehr selten dunkle Flecken um das Scheibenzentrum und Unregelmäßigkeiten in der Phase.

Große dunkle Gebiete (Syrtis Major, Sinus Meridiani, Sinus Sabaeus, Mare Acidalium). Rotation: Leichte Phase bei Quadratur (90°-Stellung).

Merkur: Sehr selten graue Flecken. Neptun: Sehr kleine blaugrüne Scheibe (schwierig zu finden). Pluto ist unsichtbar!

Galaxien: M 33, M 51, M 81. Planetarische Nebel: Hantel-, Helix-, Ring-Nebel. Doppelsterne bis 2" Abstand.

Die schwachen, diffusen Objekte sollte man in einer dunklen, klaren Nacht ohne Mondschein aufsuchen, nachdem sich die Augen an die Dunkelheit gewöhnt haben (nach etwa einer Viertelstunde). Sie sind in kleinen Instrumenten in der Stadt oft ein wenig enttäuschend. Verwenden Sie immer das schwächste Okular: Es ist das lichtstärkste mit dem größten Gesichtsfeld. V = Vergrößerung, x = fach.

# Justage und Pflege der Instrumente

*E*insteiger möchten ihr Gerät oft sofort benutzen und geben sich gerne mit einer groben Justierung zufrieden. Aber auch wenn die Bilder auf den ersten Blick akzeptabel erscheinen, sollten Ferngläser, Sucher und Teleskope sorgfältig justiert und eingestellt werden, um das Beste aus dem Instrument herauszuholen.

## Sein Fernglas einstellen

Die Einstellung eines Fernglases geschieht in zwei Schritten:
1) Zuerst muss der Abstand der beiden Hälften den Augen angepasst werden. Nehmen Sie dazu das Fernglas fest in die Hand und visieren Sie den Himmel oder (am Tag) einen entfernten Punkt an. Bewegen Sie dann die beiden Fernglashälften so lange hin und her, bis Sie ein einziges Bild sehen. Der übliche Abstand zwischen der Mitte der beiden Pupillen beträgt 65 mm. Die Vernachlässigung dieser Einstellung hat ein Schielen der Augen zur Folge und ruft unweigerlich Kopfschmerzen hervor.
2) Die Scharfstellung des Fernglases muss auch einem möglichen Unterschied zwischen Ihren Augen Rechnung tragen.

*Beide Augen sind selten genau gleich, daher besitzen Ferngläser eine Einstellmöglichkeit (1) des Dioptrienausgleichs. So kann man die Schärfe der beiden Röhren aufeinander abstimmen.*

- Bedecken Sie das rechte Objektiv mit dem Deckel und stellen Sie scharf (mit dem linken Auge), indem Sie einen nicht zu weit entfernten Gegenstand anschauen (einen Baum oder eine Mauer).
- Nehmen Sie den Deckel vom rechten Objektiv ab und bedecken mit ihm das linke. Schauen Sie wieder das gleiche Objekt an, und optimieren Sie die Schärfe für Ihr rechtes Auge, indem Sie die Verstellmöglichkeit am rechten Okular benutzen (den so genannten Dioptrienausgleich).
- Nehmen Sie nun auch den Deckel vom linken Objektiv ab, und kontrollieren Sie, ob Sie nun ein gleichmäßig scharfes und angenehmes Bild sehen.
- Sie können so bis zu +/− 4 Dioptrien ausgleichen, je nachdem, ob Sie kurz- oder weitsichtig sind.

- Merken Sie sich die Einstellung am Dioptrienausgleich; so können Sie Ihre persönliche Einstellung schnell wieder finden, falls Sie das Fernglas einmal verliehen haben.

Bei Ferngläsern mit Dachkantprismen befindet sich diese Einstellmöglichkeit oft in der Mitte in der Nähe der Scharfeinstellung; das Prinzip ist aber das gleiche.

## Den Sucher justieren

Gerne wird auch vernachlässigt, den Sucher parallel zum Teleskop auszurichten. Dabei benötigt man dazu nur wenige Handgriffe, die man nach jedem Transport wiederholen sollte.

Wenn Ihr Sucher über eine Lagerung mit sechs Schrauben verfügt (drei vorne und drei hinten), benutzen Sie zur Justage immer nur die drei hinteren (oder die drei vorderen), die anderen bleiben festgezogen. Das eine Set Einstellschrauben benutzen Sie nur dazu, den Sucher möglichst mittig in seiner Halterung zu fixieren, das andere Set benutzen Sie dann zur Justage parallel zum Teleskop.

- Ziehen Sie die Klemmen der Montierung gut an, damit sich das Teleskop während der Justage nicht bewegt.
- Verwenden Sie ein schwach vergrößerndes Okular. Stellen Sie am Tag ein weit entferntes Objekt (etwa eine Fernsehantenne) im Teleskop ein, indem Sie am Tubus entlangpeilen. Einmal im Okular gefunden, stellen Sie die Antenne genau in die Mitte des Gesichtsfeldes ein.
- Schauen Sie jetzt durch den Sucher. Er muss so justiert werden, dass sein Fadenkreuz auch genau auf die Mitte der Antenne zeigt. Drehen Sie, vorsichtig und mit beiden Händen,

*Justieren Sie den Sucher, indem Sie immer gleichzeitig an zwei Schrauben drehen; natürlich erst, nachdem Sie im Teleskop ein Zielobjekt eingestellt haben.*

gleichzeitig an zwei Justierschrauben des Suchers, indem Sie die eine zu- und die andere aufdrehen, so dass sich der Sucher zwar bewegt, aber kein Spiel entsteht. Sie werden etwas probieren müssen, mit welchen beiden Schraubenpaaren Sie abwechselnd zu justieren haben, um die Antenne so gut wie möglich zu zentrieren.
- Falls die Justage besonders genau werden soll, ersetzen Sie nun das Okular im Teleskop durch eines mit höherer Vergrößerung, stellen einen markanten Punkt der Antenne ein und justieren den Sucher genau auf diesen Punkt.

Sobald der Sucher justiert ist, ziehen Sie vorsichtig die Kontermuttern an den Justageschrauben fest.

## Das Instrument pflegen

Moderne Instrumente benötigen nicht unbedingt eine „Wartung", aber sorgfältige Pflege. Vermeiden Sie in jedem Fall, dass Ihr Teleskop verstaubt. Räumen Sie es nach jeder Beobachtung weg oder bewahren Sie es in einem Koffer auf. Auch wenn Sie während der Beobachtung

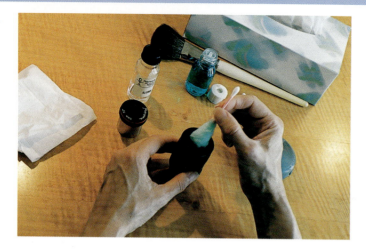

*Kleine Pflegeausrüstung für Okulare.*
*Drücken Sie bei der Reinigung niemals zu fest auf die optische Oberfläche! Meistens ist nur die Augenlinse des Okulars etwas verschmutzt, da diese oft von den Wimpern des Beobachters berührt wird.*

eine Pause machen, decken Sie das Teleskop mit dem Objektivdeckel ab.

Die beste Art, ein Objektiv zu reinigen ist, es gar nicht schmutzig werden zu lassen! Vermeiden Sie Fingerabdrücke auf den optischen Flächen. Ein wenig Staub auf der Oberfläche des Objektivs oder der Schmidt-Platte verschlechtert die Abbildungsqualität nicht. Eine Reinigung sollte man so selten wie möglich durchführen (seltener als einmal pro Jahr). Wenn Sie ein Newton-Teleskop besitzen, lassen Sie die Reinigung von einem Fachmann vornehmen, und versuchen Sie nicht, es selbst auseinander zu bauen.

Um die Oberfläche einer Linse oder anderer optischer Flächen zu reinigen, pusten Sie zuerst mit einem speziellen Fotopinsel den Staub weg (aber nehmen Sie keine Druckluft!).

Sobald Sie sicher sind, dass sich kein Staub mehr auf der Optik befindet, beginnen Sie (OHNE ZU REIBEN) die Reinigung mit einem Wattebausch, der in ein Papiertaschentuch gewickelt ist. Vorher befeuchten Sie die Optik leicht, indem Sie sie anhauchen.

Üben Sie keinen Druck auf die Glasoberfläche aus. Wechseln Sie das Papiertaschentuch und wiederholen den Vorgang, wenn Schlieren zurückbleiben. Bei Fingerabdrücken benetzen Sie Ihr Reinigungsbällchen leicht mit einem Fensterputzmittel.

## Die Okulare reinigen

Die Augenlinse eines Okulars wird oft durch die Wimpern des Beobachters leicht fettig. Pusten Sie zuerst wieder mit dem Fotopinsel von der Linse den Staub weg. Dann rüsten Sie sich mit einigen Wattestäbchen aus, befeuchten eines mit etwas Fensterreiniger und fahren damit sanft über die Augenlinse. Mit einem neuen, trockenen Wattestäbchen setzen Sie die Reinigung fort. Den Abschluss bildet wiederum leichtes Anhauchen der Linse und sanftes Reinigen mit einem neuen Wattestäbchen. Bewahren Sie Ihre Okulare immer in ihrer Originalverpackung auf. Die Innenflächen der Okularlinsen werden niemals einer Reinigung unterzogen!

# Glossar

**Achromat**
Typ eines Refraktor-Objektivs mit zwei Linsen, die zur Vermeidung von Bildfehlern kombiniert werden.

**Apochromat**
Aus drei Linsen bestehendes Linsensystem, das den Farbfehler noch besser korrigiert als ein Achromat.

**Auflösungsvermögen**
Trennschärfe eines optischen Instrumentes, wird in Bogensekunden gemessen und ist abhängig vom Objektivdurchmesser.

**Austrittspupille**
Durchmesser des aus einem optischen Instrument austretenden Lichtbündels.

**Azimut**
Koordinate, gibt die Himmelsrichtung an.

**Azimutale Montierung**
Teleskop-Montierung, die das Schwenken eines Teleskops parallel und senkrecht zum Horizont ermöglicht.

**Bogenminute**
1/60 eines Winkelgrades, etwa das Auflösungsvermögen des menschlichen Auges. Sonne oder Mond haben jeweils etwa 30 Bogenminuten Winkeldurchmesser am Himmel.

**Bogensekunde**
1/60 einer Bogenminute, 1/3600 eines Winkelgrades.

**Brennweite**
Bei einem Fernrohr der Abstand des Objektbildes vom Objektiv.

**Deklination**
Eine der Koordinaten eines Objektes im äquatorialen Koordinatensystem des Himmels, wird gezählt in Winkelgrad ausgehend vom Himmelsäquator in Richtung Himmelspol, positiv in Richtung Nord, negativ in Richtung Süd.

**Deklinationsachse**
Achse einer parallaktischen Teleskop-Montierung, die das Schwenken des Teleskops in Richtung der Deklination ermöglicht.

**Diffuser Nebel**
Diffus nebelartig erscheinendes, ausgedehntes Objekt im interstellaren Raum.

**Dobson**
Ein Dobson-Teleskop ist ein preiswerter Newton-Reflektor auf einer azimutalen Montierung. Es bietet einen großen Objektivdurchmesser für verhältnismäßig wenig Geld.

**Doppelstern**
Zwei Sterne, die durch die Schwerkraft aneinander gebunden sind und um einen gemeinsamen Schwerpunkt kreisen (physische Doppelsterne). Etwa zwei Drittel aller Sterne sind in Doppelsternsystemen gebunden. Optische Doppelsterne sind keine echten Sternpärchen, sondern sie scheinen in Blickrichtung nahe beieinander zu stehen, sind aber in Wirklichkeit weit voneinander entfernt (unterschiedliche Distanz in Blickrichtung). Mit bloßen Augen sieht man meist nur ein Sternpünktchen, das im Teleskop in zwei Komponenten aufgelöst werden kann.

**Dunkelwolke**
Sehr ausgedehnte Wolke aus interstellaren Staubteilchen, die das Licht dahinterliegender Sterne verschluckt.

**Ekliptik**
Scheinbare jährliche Bahn der Sonne vor dem Sternbilderhintergrund. Spiegelt die wahre Bewegung der Erde um die Sonne wider. Die Ebene der Ekliptik ist um 23,5° gegen die Ebene des Himmelsäquators geneigt.

**Elongation**
Winkelabstand eines Planeten, Kometen oder Kleinplaneten von der Sonne am Himmel. Wird ausgehend von der Sonne in Richtung Ost oder West angegeben.

**Galaxie**
Milchstraßensystem, großes Sternsystem mit etlichen Milliarden Sternen als Mitglieder. Galaxien zeigen häufig Spiralformen oder elliptische Formen.

**Gravitation**
Massenanziehung; nach dem Gravitationsgesetz von Isaac Newton ziehen Massen einander an.

**Gasnebel**
Ausgedehnte, rot leuchtende Gaswolke im interstellaren Raum, aus heißem Wasserstoff bestehend.

**Größenklasse**
= magnitudo. Maßeinheit zur Angabe der Helligkeit eines Himmelsobjektes. Ein Objekt 6. Größenklasse (6,0 mag) erscheint 100-mal lichtschwächer als ein Objekt der 1. Größenklasse (1,0 mag).

**Himmelsnordpol**
Gedachte Verlängerung der Erdachse nach Norden bis ins Unendliche. Der Punkt am Himmel, auf den die Erdachse zeigt. Der Polarstern steht nur etwa 0,5° vom Himmelsnordpol entfernt.

**Interstellare Materie**
Materie in Form von Gas und Staub zwischen den Sternen. Sie setzt sich hauptsächlich aus Wasserstoff und Helium

zusammen und dient als Baumaterial für neue Sterne. Teilweise wird sie durch Sternexplosionen und Abblasen starker Winde von älteren Sternen mit schwereren Elementen angereichert. Die Staubkomponente dient als Ausgangsmaterial für die Bildung von Planetensystemen. Die interstellaren Materiewolken machen sich als Reflexions- und Emissionsnebel sowie als Dunkelwolken bemerkbar. Der neutrale Wasserstoff wiederum sendet Radiostrahlung mit der Wellenlänge von 21 Zentimeter (≙ 1420 Megahertz) aus. Die interstellare Materie ist hauptsächlich in der Milchstraßenhauptebene zu finden.

**Kernfusion**
Verschmelzung leichterer Atomkerne zu schweren unter Freisetzung der Bindungsenergien. Die Fusion von Wasserstoffkernen (Protonen) zu Heliumkernen (Alpha-Teilchen) stellt die Hauptenergiequelle für das Leuchten der Sterne dar.

**Konjunktion**
Zwei Himmelskörper unseres Sonnensystems stehen am Himmel in Konjunktion zueinander, wenn sie von der Erde aus gesehen in der selben Richtung stehen.

**Lichtgeschwindigkeit**
Geschwindigkeit des Lichtes im Vakuum. Sie beträgt rund 300 000 Kilometer pro Sekunde (exakter Wert per definitionem: 299 792 458 Meter pro Sekunde).

**Lichtjahr**
Populäres Entfernungsmaß in der Astronomie, **keine Zeitspanne**! Ein Lichtjahr ist die Strecke, die das Licht in einem Jahr zurücklegt, das sind rund zehn Billionen Kilometer.
$1 LJ = 9{,}46 \cdot 10^{12}$ Kilometer = 63 240 AE.

**Milchstraße**
(a) Das leuchtende Band am Nachthimmel, das aus nicht mehr voneinander unterscheidbaren Sternen besteht.
(b) Die Galaxie, in der sich unsere Sonne befindet

**Mitteleuropäische Zeit**
Die Mitteleuropäische Zeit (MEZ) ist die Zeit unserer Zeitzone und gilt für (fast) ganz Europa.

**Nachführung**
Damit ein Himmelsobjekt immer im Okular beobachtet werden kann, muss das Teleskop der scheinbaren Drehung des Sternhimmels nachgeführt werden.

**Objektiv**
Abbildendes Linsensystem eines Refraktor-Teleskops oder Hauptspiegel eines Reflektors.

**Öffnungsverhältnis**
Das Verhältnis von Teleskopöffnung zur Teleskopbrennweite, ein Maß für die Lichtstärke eines Teleskops.

**Okular**
Lupe, mit der das von einem optischen Instrument erzeugte Abbild eines Objektes betrachtet und vergrößert wird.

**Opposition**
Zwei Himmelskörper unseres Sonnensystems stehen am Himmel in Opposition zueinander, wenn ihre Rektaszension sich um 12 Stunden unterscheidet. Dies ist der Fall, wenn ein Himmelsobjekt der Sonne am Himmel gegenübersteht, also bei Sonnenaufgang untergeht und bei Sonnenuntergang aufgeht.

**Ortszeit**
Die nur für einen bestimmten Ort auf der Erde gültige Zeit; sie richtet sich nach dem Sonnenstand an diesem betreffenden Ort.

**Parallaktische Montierung**
Teleskop-Montierung, die das Schwenken des Teleskops parallel und senkrecht zum Himmelsäquator erlaubt.

**Planetarischer Nebel**
Erscheint in kleinem Fernrohr als winziges, grünliches Scheibchen ähnlich wie die Planeten Uranus und Neptun. Gashülle um einen heißen Sternkern, die sich rasch ausdehnt, oft auch als Ring zu erkennen (Ring-Nebel).

**Planet**
Auch Wandelstern genannt. Ein für das bloße Auge sternartig aussehender, die Sonne umlaufender großer Himmelskörper.

**Reflektor**
Spiegelteleskop

**Reflexionsnebel**
Staubnebel, der vom Licht der ihm nahen Sterne beleuchtet wird.

**Refraktor**
Linsenfernrohr, Linsenteleskop.

**Rektaszension**
Eine der Koordinaten eines Himmelsobjektes im äquatorialen Koordinatensystem des Himmels, wird gezählt in Stunden und Minuten ausgehend vom Frühlingspunkt entlang des Himmelsäquators in Richtung Osten (s. S. 14).

**Roter Riese**
Relativ kühler Stern (Oberflächentemperatur 2000–4000 Grad) mit dem Zehn- bis Hundertfachen des Sonnendurchmessers. Sterne blähen sich am Ende ihres Lebens zu Roten Riesen auf.

**Scheinbare Helligkeit**
Helligkeit, in der ein Objekt am Himmel erscheint. Sind zwei Sterne mit gleicher Leuchtkraft unterschiedlich weit entfernt, so ist ihre scheinbare Helligkeit verschieden, der 10-mal weiter entfernte Stern erscheint 100-mal lichtschwächer und besitzt somit eine um 5 Größenklassen geringere scheinbare Helligkeit.

**Schwarzes Loch**
Bereits 1916 hat Karl Schwarzschild (1873–1916) angegeben, auf welchen Radius eine kugelförmige Masse kompri-

miert werden muss, damit die Entweichgeschwindigkeit auf der Oberfläche gleich der Lichtgeschwindigkeit wird. Ist dies der Fall, so kann weder Licht (also keine elektromagnetische Strahlung) noch sonst etwas die Oberfläche eines solchen Kollapsars verlassen – das Objekt bleibt unsichtbar. Da auch kein Signal die Oberfläche eines Schwarzen Loches verlassen kann, spricht man vom Ereignishorizont. Innerhalb des Ereignishorizontes bleiben der Außenwelt alle Vorgänge verborgen. Die Eigenschaften der Schwarzen Löcher werden mittels der Allgemeinen Relativitätstheorie beschrieben. Ausgebrannte, massereiche Sterne kollabieren zu stellaren Schwarzen Löchern. In den Zentren der Galaxien vermutet man supermassereiche Schwarze Löcher von einigen Millionen Sonnenmassen.

### Stern
Glühende, selbstleuchtende Gaskugel, deren Energieproduktion durch Kernfusion im Zentrum erfolgt. Sterne sind Sonnen und unsere Sonne ist ein Stern.

### Sternhaufen
Zahlreiche Sterne bilden ganze Gruppen, die schon mit freiem Auge oder Ferngläsern auszumachen sind. Man unterscheidet zwischen offenen und kugelförmigen Sternhaufen, oft kurz Kugelhaufen genannt. *Offene Sternhaufen* haben einige Dutzend bis einige Hundert Mitglieder. Die Sterne sind einzeln zu erkennen. Es handelt sich um relativ junge Objekte. Die offenen Sternhaufen sind zur Milchstraßenhauptebene konzentriert und reich an interstellarer Materie. Typische Vertreter sind die beiden offenen Haufen Plejaden und Hyaden im Stier. *Kugelhaufen* setzen sich aus Hunderttausenden bis Millionen Sternen zusammen, die einen sphärischen Raum von hundert bis etwa dreihundert Lichtjahren einnehmen. Im Fernglas oder Teleskop erscheinen sie als kreisförmige Lichtfleckchen. Nur die Randpartien sind in einzelne Sternpünktchen auflösbar.

### Sterntag
Dauer zwischen zwei Meridiandurchgängen eines Sterns, 23 Stunden, 56 Minuten, 3,4 Sekunden; die wahre Drehung der Erde um ihre Achse.

### Sternzeit
Stundenwinkel des Frühlingspunktes. Gibt an, vor wie viel Stunden der Frühlingspunkt durch den Meridian gelaufen ist.

### Stundenachse
Achse einer Teleskop-Montierung, die das Schwenken des Teleskops parallel zum Himmelsäquator erlaubt.

### Stundenwinkel
Der Stundenwinkel gibt an, vor wie viel Stunden ein Himmelsobjekt durch den Meridian gelaufen ist. Wird gezählt in Stunden und Minuten ausgehend vom Meridian entlang des Himmelsäquators in Richtung Westen.

### Supernova
Explosion eines massereichen Sterns am Ende seines Lebens. Für kurze Zeit flammt der Stern auf und wird so hell wie ein ganzes Milchstraßensystem. Man unterscheidet zwei Typen von Supernovae: Typ I flammt auf, wenn ein Weißer Zwerg durch Massenakkretion zusammenbricht. Typ II stellt die Detonation eines massereichen Sternes dar, dessen Kernbrennstoff verbraucht ist. Die äußere Hülle wird abgeschleudert, der Kern kollabiert zu einem Neutronenstern.

### Szintillation
Bei der Beobachtung störendes Flimmern der Luft.

### Tierkreis
Aneinanderreihung von Sternbildern, durch die die Sonne auf ihrer scheinbaren jährlichen Bahn entlang der Ekliptik über den Himmel läuft. Zum Tierkreis gehören 13 Sternbilder.

### Veränderlicher
Stern, bei dem ein oder mehrere Messgrößen (scheinbare Helligkeit, Spektrum) in kosmisch kurzen Zeitskalen (Minuten bis einige hundert Tage) variabel sind. Helligkeitsänderungen können verschiedene Ursachen haben. Bei Bedeckungsveränderlichen schatten sich zwei umeinander laufende Sterne gegenseitig von Zeit zu Zeit ab. Andere, nicht kugelförmige Sterne zeigen einen Rotationslichtwechsel. Manche Sterne blähen sich rhythmisch auf (Pulsationsvariable), manche flammen in unregelmäßigen Abständen plötzlich auf (eruptiv Variable) oder zeigen Helligkeitseinbrüche („rußende" Sterne wie der Stern R in der Nördlichen Krone, R Coronae Borealis). Bei manchen Pulsationsvariablen ist die Dauer der Schwingung mit der wahren Leuchtkraft korreliert (Perioden–Helligkeits-Relation), typische Beispiele sind Cepheiden oder RR Lyrae-Sterne. Die regelmäßige Beobachtung veränderlicher Sterne ist ein beliebtes Aufgabengebiet für Amateurastronomen.

### Vergrößerung
Verhältnis der Brennweiten von Teleskopoptik und Okularoptik.

### Weißer Zwerg
Endstadium der Entwicklung von Sternen bis knapp eineinhalb Sonnenmassen. Weiße Zwerge sind gewissermaßen ausgebrannte Sterne, die nur noch aufgrund ihrer thermischen Energie leuchten. Sie haben nur Planetengröße, aber etwa 0,5 bis 1,5 Sonnenmassen. Ihre Dichte ist enorm hoch: pro Kubikzentimeter einige Tonnen!

### Zenit
Der Punkt am Himmel, der senkrecht über einem Beobachter liegt.

### Zonenzeit
Die in einer ganzen Zeitzone gültige Uhrzeit. Sie richtet sich nach dem Stand der Sonne an einem in dieser Zeitzone zentral gelegenen Ort. Dies hat zur Folge, dass der Stand der Sonne mit der angezeigten Uhrzeit an anderen Orten nicht mehr hundertprozentig übereinstimmt.

# Zum Weiterlesen und Weiterklicken

### Bücher
- Hahn, H., Celnik W.: *Astronomie für Einsteiger*, Kosmos Verlag, Stuttgart, 2002
- Hahn, H.: *Was tut sich am Himmel?*, Kosmos Verlag, Stuttgart, erscheint jährlich im Frühjahr
- Hahn, H., Weiland, G.: *Der neue Kosmos Himmelsführer*, Kosmos Verlag, Stuttgart, 1998
- Herrmann, D. B.: *Die Kosmos Himmelskunde*, Kosmos Verlag, Stuttgart, 1999
- Herrmann, J.: *Welcher Stern ist das?*, Kosmos Verlag, Stuttgart, 2002
- Keller, H.-U.: *Astrowissen*, Kosmos Verlag, Stuttgart, 2000
- Keller, H.-U.: *Kosmos Himmelsjahr*, Kosmos Verlag, Stuttgart, erscheint jährlich im Herbst
- Klötzler, H.-J.: *Das Astro-Teleskop für Einsteiger*, Kosmos Verlag, Stuttgart, 2000
- Korth S., Koch B.: *Stars am Nachthimmel*, Kosmos Verlag, Stuttgart, 2001
- Lacroux, J., Legrand, C.: *Der Kosmos Mondführer*, Kosmos Verlag, Stuttgart, 2000
- Livio, M.: *Das beschleunigte Universum*, Kosmos Verlag, Stuttgart, 2001
- Schröder, K. P.: *Astrofotografie für Einsteiger*, Kosmos Verlag, Stuttgart, 2000
- Schröder, K. P.: *Praxishandbuch Astrofotografie*, Kosmos Verlag, Stuttgart, 2003
- Spence, P.: *Das Kosmos Buch vom Weltraum*, Kosmos Verlag, Stuttgart, 1999

### Zeitschriften
- *Interstellarum*, Oculum-Verlag, Erlangen
- *Sterne und Weltraum*, Spektrum der Wissenschaft Verlagsgesellschaft mbH, Heidelberg
- *Star Observer*, Star Observer Verlag, Gräfelfing
- *Astronomie und Raumfahrt im Unterricht*, Erhard Friedrich Verlag GmbH, Seelze
- *Sky & Telescope*, Sky Publishing Corp., USA

### Sternkarten
- Hahn H., Weiland G.: *Drehbare Kosmos-Sternkarte*, Kosmos Verlag, Stuttgart, 2001
- Hahn H., Weiland G.: *Nachtleuchtende Sternkarte für Einsteiger*, Kosmos Verlag, Stuttgart, 1999
- Hahn H., Weiland G.: *Südhimmel-Sternkarte für Jedermann*, Kosmos Verlag, Stuttgart, 2000
- Hahn H., Weiland G.: *Sternkarte für Einsteiger*, Kosmos Verlag, Stuttgart, 1998

- Karkoschka, E.: *Atlas für Himmelsbeobachter*, Kosmos Verlag, Stuttgart, 1997
- Mellinger A., Hoffmann S.: *Der große Kosmos Himmelsatlas*, Kosmos Verlag, Stuttgart, 2002
- Tirion, W.: *Sky Atlas 2000.0*, Sky Publishing Corp., USA
- Tirion, W.: *Uranometria 2000.0*, Willmann-Bell Inc., USA

### Software
- *EasySky*, Matthias Busch, Heppenheim
- *Guide 8.0*, astro-shop, Hamburg
- *Kosmos Planetarium Bessel 4.0*, United Soft Media, München
- *Redshift 4.0*, United Soft Media, München
- *VirtualSky*, Manfred Dings, Saarbrücken

### Internet-Links
- Nomen est omen
  http://www.astronomie.de
- Das Astrofoto des Tages
  http://antwrp.gsfc.nasa.gov/apod/archivepix.html
- Deep-Sky-Objekte, Beobachtungshilfen und mehr
  http://www.geocities.com/Area51/Corridor/2120/index.html
- Die Europäische Südsternwarte ESO
  http://www.eso.org
- Das Hubble-Weltraumteleskop
  http://oposite.stsci.edu/pubinfo/latest.html
- Volkssternwarten und Planetarien im deutschsprachigen Raum
  http://www.sternklar.de/gad
- SOHO, aktuelle Sonnenbilder
  http://sohowww.estec.esa.nl
- Aktuelle Angaben zur Sonnenaktivität und anderen astronomischen Erscheinungen
  http://www.spaceweather.com
- Aktuelle Wettersatelliten-Bilder
  http://meteosat.e-technik.uni-ulm.de
- Infos über astronomische/astronautische Ereignisse, Tagungen und Jahrestage
  http://www.jpl.nasa.gov/calendar/calendar.html
- Infos über Satelliten-Passagen, Iridium-Blitze und andere „himmlische" Ereignisse
  http://www.heavens-above.com
- Alpha Centauri auf Bayern 3
  http://www.br-online.de/alpha/centauri
- Alles über Sonnenfinsternisse
  http://sunearth.gsfc.nasa.gov

# Nützliche Adressen

## Astrozubehör

**Astrocom GmbH**
Lochhamer Schlag 5
82166 Gräfelfing

**Baader Planetarium**
Zur Sternwarte, 82291 Mammendorf

**Dörr Foto**
Postfach 1280, 89202 Neu-Ulm

**Fujinon GmbH**
Halskestraße 4, 47877 Willich

**Intercon Spacetec**
Gablinger Weg 9, 86154 Augsburg

**Lachner & Rhemann**
Thaliastraße 83, 1160 Wien

**MEADE Instruments Europe**
Siemensstraße 6
46325 Borken/Westfalen

**OSDV GmbH**
Münsterstraße 111, 48155 Münster

**Photo Universal**
Max-Planck-Str. 28, 70736 Fellbach

**Pro Astro P. Wyss**
Dufourstraße 124, 8034 Zürich

**Vehrenberg KG**
Meerbuscher Straße 64-78
40670 Meerbusch-Osterrath

## Astronomische Vereinigungen

**VdS, Vereinigung der Sternfreunde e.V.**
Am Tonwerk 6, 64646 Heppenheim

**Österreichischer Astronomischer Verein**
Baumgartenstraße 23/4, 1140 Wien

**Schweizerische Astronomische Gesellschaft**
Gristenbühl 13, 9315 Neukirch

## Sternwarten und Astronomische Vereinigungen

**Basel**
Astronomischer Verein
Venusstraße 7
CH-4102 Binningen

**Bonn**
Volkssternwarte Bonn e.V.
Poppelsdorfer Allee 47, 53115 Bonn

**Dortmund**
Sternwarte im Westfalenpark
Astronomischer Verein Dortmund e. V.
Hörder Bahnhofstr. 9
44263 Dortmund

**Duisburg**
Rudolf-Römer-Sternwarte
Rheinhausen e. V.
Schwarzenberger Str. 147
(im KFR)
47226 Duisburg

**Düsseldorf**
Benzenberg-Sternwarte
Wimpfener Straße 18
40597 Düsseldorf

**Essen**
Verein für volkstümliche Astronomie
Weberplatz 1
45127 Essen

**Frankfurt/Main**
Volkssternwarte des
Phys. Vereins Frankfurt
Robert-Mayer-Straße 2–4
60054 Frankfurt

**Hamburg**
Gesellschaft für volkstümliche
Astronomie (GvA) e. V.
Hindenburgstraße 6 1
22303 Hamburg

**Hannover**
Volkssternwarte
Am Lindener Berg 27
30449 Hannover

**Jena**
Urania-Sternwarte
Schillergäßchen 2, 07745 Jena

**Karlsruhe**
Sternwarte des Max-Planck-Gymnasiums
Krokusweg, 76199 Karlsruhe

**Kiel**
Gesellschaft für volkstümliche
Astronomie (GvA) e.V. –
Gruppe Kiel – Hofbrook 64
24119 Kronshagen

**Köln**
Volkssternwarte
Nikolausstr. 55, 50937 Köln

**Mainz**
Astronomische Arbeitsgemeinschaft
der Sternfreunde Mainz und
Umgebung e. V.
Petersplatz 2, 55116 Mainz

**Nürnberg**
Astronomie & Philatelie
Brunhildstraße 1 a, 90461 Nürnberg

**Salzburg**
Arbeitsgruppe für Astronomie am
„Haus der Natur"
Raphael-Donner-Straße 8
A-5026 Salzburg

**Stuttgart**
Schwäbische Sternwarte
Zur Uhlandshöhe 41, 70188 Stuttgart

**Trier**
Sternwarte Trier e. V.
Max-Planck-Gymnasium
Sichelstr. 3, 54290 Trier

**Wien**
Astronomischer Jugendclub
Richard-Wagner-Platz 2/8
A-1160 Wien

**Wiesbaden**
Astronomische Gesellschaft
Urania e. V. / Volkssternwarte
Bierstadter Str. 47, 65189 Wiesbaden

# Register

*Die kursiv gesetzten Zahlen verweisen auf Bildlegenden.*

## A

Achse
— Deklinations- 38
— Stunden- 38
— Pol- 38
Adler 76–77
AE, Astronomische Einheit 17
Alamak (γ in der Andromeda) 87
Albireo (β im Schwan) 76–77, 81, 97
Aldebaran 88
Algieba (ζ im Löwen) 75, 97
Alkor 71
Alnilam 88
Alnitak 88–89
Alpen, -tal 50–51
α im Adler (Atair) 13, 77
α im Fuhrmann (Kapella) 88–89
α im Herkules (Ras Algethi) 81
α im Perseus (Mirfak) 83
α in den Jagdhunden (Cor Caroli) 75
α in den Zwillingen (Kastor) 93
Andromeda 13, 82, 87
Andromediden 94
Antares 19, 77
Antizyklon 24–25, 26
Apenninen, Kette der 50, 51
Apollo, Mission 49
Aquariden 94
Archimedes, Krater 51
Aristillus, Krater 51
Aristoteles 50
Arktur 13, 71
Astroide 61
Atair (α im Adler) 13, 77
Austrittspupille 32, 44–45
Autolycus 51

## B

Barlowlinse 45
Barometer 25
Bayer 94
Beobachtungsbuch 11
β Cygni (Albireo) 81
β Orionis (Rigel) 93
Beteigeuze 19, 88–89
Binokular 33
Bootiden 94
Brennweite 34–35, 44

## C

Ceres 61
Charon 65
Chromosphäre 56
Cor Caroli (α in den Jagdhunden) 75
Deimos 63
Deklination 14–15
Delfin 81
δ im Orion (Mintaka) 93
Deneb 13, 76
Dione 64
Dobson, John 22
Dobson, Teleskop 36, 76
Draconiden 94
Dreieck 83, 87
Dreyer 21
Dubhe 13
Dunkeladaption 11
Dunst 24–25, 71

## E

Ekliptik 60
Entfernungen, interstellare 17
Entfernungseinheiten, interstellare 17
Ephemeriden, von Planeten 15, 61
ε im Fuhrmann 19, 89

$ε_{1/2}$ in der Leier (Vierfachstern) 81
Europa 64

## F

F/D (Verhältnis) 35
Fackeln 55–56, 59
Farbfehler 37
Ferngläser 30–33, 40–41, 51–52, 59, 76, 100–101
Filter, Beobachtungsmethode mit 58–59
Filter 45, 55, 58–59, 63, 83
Finsternis
— Mond- 52–53, 96
— Sonnen- 56, 59
Flecken
— Großer Roter (auf Jupiter) 64
— Sonnen- 55–59
Fluorid-Linse 37, 42
Frühling
— Himmelskarte 71, 72–74
— -himmel 26–27, 70–75
Füchschen 77, 81
Fuhrmann 19, 83, 88–89, 93

## G

Galaxie 16, 77
— M 31 Andromeda 16, 82
Galileische Monde 64
Galle, Johann Gottfried 65
γ im Delfin 81
γ im Widder 87
γ in der Andromeda (Alamak) 87
Ganymed 64
Gesichtsfeld 45
— scheinbares 32, 40, 45
— Okular- 45
— wahres 31, 45
Gigaparsec 17

**108** · Serviceteil ·

**G**

GoTo, Montierung  39
Großer Bär  12–13, 71, 82
Großer Hund  88
Großer Wagen  71

**H**

H und χ im Perseus
  (NGC 869 und 884)
  87
Haar der Berenike  75
Halley, Edmond  66
Hantel-Nebel  77, 81, 97
Haufen  16–17, 20
  – Stern-, Krippe oder
    Bienenstock  71
  – in der Jungfrau  16–17
  – Doppel- im Perseus
    (NGC 869 & 884)
    83
  – Wildenten-  77, 81
  – Kugelstern-  20
  – Offene Stern-  20
Hektopascal  25
Helium  18, 19
Helix  20
Helligkeit  23
Herbst
  – -karte  84–86
  – -himmel  27, 82–87
Herkules  20, 77, 81
Herschel, William  64
Himmelskarte  14–15
  – Frühling  71–74
  – Sommer  78–80
  – Herbst  84–86
  – Winter  90–92
Hyaden  20, 89, 93

**I**

Ibn Alhazen  50
IC (Index Catalogue)  21
IDSA (International
  Dark Sky Association)
  23
indirektes Sehen  77
infrarot  27
Initiative Dark Sky (Vereinigung für
  einen dunklen Nachthimmel)
  23
Internetseiten  59, 104
Io  64

**J**

Jagdhunde  70, 75
Japetus  64
Jungfrau  13, 17, 71, 75
Jupiter  51, 60–61, 63–64, 98
Justage  36
Justage, des Instrumentes
  100–101

**K**

Kallisto  64
Kapella (α im Fuhrmann)  88–89
Kassiopeia  13, 82–83, 87
Kastor (α in den Zwillingen)  93
Kastor und Pollux  13, 71, 88
Katadioptrisch, Teleskop  37
Kepheus  83
Kernfusion  18
Kernfusion  20
Kiloparsec  17
Kleiner Hund  71, 88
Kleiner Wagen  13
Kochab  13
Komet  66–67
  – Hale-Bopp  67
Kometenschweif  66–67
Konvektionszelle  56
Krabben-Nebel  18–19, 21, 89
Krebs  71, 73, 75
Krippe (M 44)  9, 71–73, 75
Kumulus  26–27

**L**

Lagunen-Nebel (M 8)  77, 81, 97
Lange Wand, Mond  50–51
Leier  76, 80–81, 97
Leistungsfähigkeit, eines
  Instrumentes  40
Leverrier, Urbain  65
Lichtjahr (LJ)  17
Löwe  71, 74–75
Lowell, Percival  62
Luftdruck  25
Lyriden  94

**M**

M 1 (Krabben-Nebel)  21
M 101  75
M 103  87
M 11 (Wildentenhaufen)  77, 97
M 13  20, 77, 81, 97
M 15  87
M 17  81
M 2  87
M 20 (Trifid-Nebel)  77, 81, 97
M 22  81, 97
M 23  81
M 27  77, 81, 97
M 3  75
M 31 (Andromeda-Nebel)  16, 82, 97
M 32  82, 87, 97
M 33 (Dreiecks-Galaxie)  82–83, 87
M 34  87
M 35  93
M 36  89
M 37  89, 93
M 38  89, 93
M 4  77, 97
M 41  93, 97
M 42 (Orion-Nebel)  21, 88, 97
M 44 (Krippe)  71–73, 75, 97
M 45  93, 97
M 46 und 47  97
M 5  81
M 51 (Jagdhunde)  70, 75, 97
M 52  87
M 54  75
M 57  76, 81, 97
M 6  81
M 64  75
M 65  75
M 66  75
M 67  75
M 7  81, 97
M 71  77, 81
M 78  93
M 8 (Lagunen-Nebel)  77, 81, 97
M 81  75, 97
M 82  75, 97
M 92  77, 81
M 94  75
Maksutov, Teleskop  35–37, 41
Mare Acidalium  63
Mars  51, 60–63, 96, 98
Marskanäle  62
Marsmenschen  62
Megaparsec  17
Megrez  13
Merak  13
Meridian von Greenwich  14
Merkur  60–62, 96

Messier, Charles   21
Messier-Objekt   21, 70
Meteore   67, 94
Meteorologie   24–25
Milchstraße   16, 77, 81, 83
Mintaka ($\delta$ im Orion)
Mirfak ($\alpha$ im Perseus)
Mizar ($\xi$ im Großen Wagen)   71, 75, 97
Monday 48–53, 98
Mondphase   48
Mondumlauf   49
Montierung, azimutal und parallaktisch   38–41

**N**

NGC (New General Catalogue)   21
 – Objekt   21, 39, 70
 – 457   87
 – 663   87
 – 869 und 884, h und $\chi$ im Perseus   87
 – 6992 und 6960, Zirrus-Nebel   76
 – 7000, Nord-Amerika-Nebel   21, 76
Nebel   21, 77
 – Krabben-Nebel, M 1   93
 – Hantel-Nebel   77, 81
 – Nord-Amerika-Nebel, NGC 7000   21
 – Planetarischer   20
Neptun   60–61, 65, 96
Newton, Teleskop   34, 36–37, 58
Nördliche Krone   71, 74
Nova   20

**O**

Objekt
 – Messier   21, 39, 70
 – NGC   21, 39, 70
Objektivdurchmesser   35
Okular   35, 44–45
 – orthoskopisch   44–45
Okularanschluss   45
Olympus Mons   63
Orientierung   11
Orion   13, 19, 21, 88, 97
Orioniden   94
orthoskopisch   44–45

**P**

Parsec   17
Pegasus-Quadrat   13, 82
Perseiden   94
Perseus   83, 87, 97
Pfeil   77, 81
Pferdekopf-Nebel   89
Pflege, des Instrumentes   102
Phekda   13
Pherkad   13
Phobos   63
Photosphäre   55
Planet   18, 60–65, 96
Plejaden   20, 89, 93, 97
Pluto   60–61, 65, 96
Polarlicht   57
Polkappen des Mars   63
Porrima ($\zeta$ in der Jungfrau)   75
Projektion, Methode zur Sonnenbeobachtung   57–58
Prokyon   71, 88
Protostern   18–19
Protuberanz   56
Pulsar   18, 21
Pupillenabstand   32, 40

**R**

Radiant   67, 94
Radiowelle   55, 57
Ras Algethi ($\alpha$ im Herkules)   81
Reflektor   34
Refraktor   34, 40–43, 52
 – achromatisch (oder klassisch)   37
 – apochromatisch (mit Fluorid-Linsen)   37, 42
Rektaszension   14–15
Rhea   64
Riccioli, Giovanni Battista   48
Riesenfernrohre   33
Rigel ($\beta$ im Orion)   88, 93
Ring
 – Flor-   64
 – Ring-   76, 81
 – Saturn-   64
Roter Riese   20

**S**

Saturn   8, 51, 60, 61, 64, 96
Schiaparelli, Giovanni   62

Schild   77, 81
Schlange   81
Schmidt-Cassegrain, Teleskop   34–35, 36–37, 42, 58
Schmuckkästchen   77
Schütze   13, 71, 74, 77, 80, 81
Schwabe   57
Schwan   76, 80–81
Schwarzes Loch   21
Schwerkraft (Gravitation)   18, 20–21
Sehzentrum   77
Sidewalk Astronomers, The   22
$\sigma$ im Orion   93
Sirius   23, 88–89
Skorpion   19, 77, 80–81
Sommer
 – Himmelskarte   78–80
 – -himmel   26–27, 76–81
Sommerdreieck   13, 76, 82
Sonne   11, 19, 54–59, 98
Sonnensystem   60, 66
Sonnenkorona   56
Spica (Kornähre)   13, 71
Stadtbeleuchtung   10, 22, 71
Star Hopping   76
Staub   18, 19
Stern   12, 18–21
 – Neutronen-   21
 – Abend-/Morgen-: s. Venus
 – -schnuppe   67
 – Polar-   13, 38–39
Sternbild   12
Sternwarte   10
Stier   19–20, 88–89, 93
Strahlungsdruck   20
Straßenlampe   22, 83
Stratokumulus   24–25, 26–27
Superhaufen   17
Supernova   18–19, 21
 – von 1054   18–19
Strahlen
 – Gamma-   55
 – Röntgen-   55
 – Ultraviolett-   27
Syrtis Major   63

**T**

Taschenlampe   11
Teilung
 -Cassini-   64
 -Encke-   64

**110** · Serviceteil ·

Teleskop   34–45, 52, 59
 – Newton   34, 36–37, 58
 – Dobson   36, 76
 – Maksutov   35–37, 41
 – Schmidt-Cassegrain   34–37, 42, 58
Terminator   50
Tethys   64
Theophilus, Cyrillus und Catharina   50
θ im Orion, Trapez   88, 93
Tiefdruckgebiet   24–25
Titan   64
Tombaugh, Clyde   65
Transit   62
Trapez (θ im Orion)   88, 93
Treibhauseffekt   24, 26, 27
Trifid-Nebel   77, 81, 97

## U

Uranus   60–61, 65, 96

## V

Venus   8, *49*, 51, 60–62, 96
Verbindungslinien, gedankliche   13
Vergrößerung
 – Fernglas   30–33
 – Teleskop   34–35, 44–45
Verschmutzung   24, 26–27, 82
 – Licht-   22–23, 45, 70
Vierfachstern ($\varepsilon_{1/2}$ in der Leier)   76, 81, 97
VLT (Very Large Telescope)   39

## W

Wassermann   20
Wasserstoff   18
Wega   13, 17, 76
Weißer Zwerg   20
Wetterfront (kalt oder warm)   25
Whirlpool-Galaxie   75
Widder   87
Wildenten-Haufen   77, 81
Winter
 – Himmelskarte   90–92
 – -himmel   26, 88–93
Wolke   *19*, 24–27
 – Oortsche   67
 – interstellare   18, 27, *88–89*

## Z

Zeichnung   11
ξ im Großen Wagen (Mizar)   71, 75
ζ im Löwen (Algieba)   75
ζ in der Jungfrau (Porrima)   75
zirkumpolar, Sternbild   13
Zirrokumulus   27
Zirrostratus   25
Zirrus-Nebel (NGC 6992/6960)   76
Zwillinge   94

# Bildnachweis

Alle Aufnahmen stammen von Denis Berthier, bis auf:

S. 7 © Alain Cirou/Ciel&Espace –
S. 8-9 © E. Graëff/Ciel&Espace – S. 18 © NASA –
S. 19 © Christian Arsidi – S. 17 © Televue –
S. 20-21 © Celestron – S. 28-29 © E. Graëff/Ciel&Espace – S. 32 © Unterlinden –
S. 36-37 © SPJP – S. 40 links © Dörr GmbH, rechts © MEADE Instruments Europe – S. 41 unten © SPJP – S. 42 links © Unterlinden, rechts © Médas, App'ar studio Vichy – S. 43 oben links © SPJP, oben rechts © Televue, unten rechts © Unterlinden – S. 50 © Gérard Thérin –
S. 51 rechts © Gérard Thérin – S. 52-53 DR –
S. 55 © Marc Larguier – S. 56 unten © F. Espenak/Ciel&Espace – S. 58 © G. und Y. Delaye –
S. 61 © Martin Gertz – S. 63 © Serge Brunier –
S. 64 © Serge Brunier – S. 65 © NASA –
S. 70 © Viladrich – S. 76 © Celestron –
S. 83 © Gérard Thérin

**KOSMOS**

## Erlebnis Astronomie

# Sterne finden – leicht gemacht!

ISBN 3-440-07923-6

ISBN 3-440-07680-6

ISBN 3-440-08057-9

ISBN 3-440-06103-5

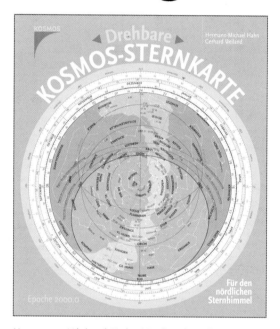

Hermann-Michael Hahn/Gerhard Weiland
**Drehbare Kosmos-Sternkarte**

Mit Anleitungsheft (24 Seiten)
ISBN 3-440-08061-7

Die drehbare Kosmos-Sternkarte ist eine runde Sache: Mit einem Dreh zeigt sie den aktuell sichtbaren Sternenhimmel. So können Sie schnell und sicher Sterne, Sternbilder und sogar Planeten am Himmel finden.

- Die beliebteste Sternkarte unter Hobbyastronomen
- Mit ausführlichem Anleitungsheft
- Speziell für Mitteleuropa

www.kosmos.de